ユーラシア
農耕史

2

日本人と米

佐藤洋一郎 監修 ・ 木村栄美 編

臨川書店

目　次

序章　稲作文化のゆくえ

佐藤洋一郎

はじめに

日本人の米の消費量は二〇〇八年現在ざっと年間六〇キログラムほどである。一日あたりの消費量に換算すると一六〇グラム強となる。昔の度量衡でいうとこれはちょうど一合にあたる。一九六五年の値は一一四キログラムであったので、この四五年ほどの間に消費量は半減したことになる。総生産量も一九七〇年代途中まで年間一二〇〇万トンを超えていたものが、二〇〇〇年を越えたころから九〇〇万トンを割るようになった。水田面積も、一九七〇年代当初に三〇〇万ヘクタールを超えていたところ、今では半分近くにまで減少している。イネを作らなくなった土地のうち、他の作物に転作された土地もあれば、農業そのものをやめたところも多い。耕作放棄地が耕作面積の二割を超えた県さえある。日本人はこのままコメを食べなくなるだろうか。日本から水田はなくなるのだろうか。

この問いに「科学的に」答えを出すことは難しい。しかし私は、日本人はコメを手放さないし日本から水田はなくならないと思う。その理由を以下に述べておきたい。

コメと命をめぐって――生態学的にみたコメの位置――

人類を含めた動物の多くは、自らの手で生命維持に必要なエネルギーを生産することができない。生命維持に必要なエネルギーは植物がつくる糖分が使われる。でんぷんや脂肪は糖分の代替として使われる。身体を作るたんぱく質には動植物のたんぱく質が使われる。狩猟採集経済下では、これらは違った場所で獲得されていたが、農耕（や牧畜）が始まると、それらの生産は次第に同所的になっていった。モンスーンアジアにおけるコメは低湿地で栽培されてきたが、その栽培の場には、コメ（イネ）以外、魚や貝類、昆虫などがとれた。いわゆる「米と魚」のセットである（佐藤（編）2008）。同様に、ユーラシアの西には、「麦（またはジャガイモ）と乳（または肉）」というセットがあった。その舞台となったのは、いうまでもなく「三圃式農業」といわれる、夏作物＋冬作物と家畜を用いるスタイルである。現代インドでは、肉食をタブーとする人びとによる、マメ科作物＋イネ科作物というセットもある（佐藤、本シリーズ第一巻）。

米と魚のセットは、近現代の日本列島ではどういうものだったのだろうか。そのあらましは、おそらく、本書の宇根豊氏や藤井伸二氏の論考に描き出されている。宇根氏も藤井氏も「魚」には直接触れてはいないが、その心は水田における多様な存在である。「田んぼの学校」というNPOを運営している宇根氏は、稲作の実践者の立場から田に生きる生物たちを見てきた。宇根氏などによると、一アールの田の中にはイネが二〇〇〇株生えているほか、オタマジャクシが二三〇〇〇匹、タニシ（丸タニシ）が三〇〇匹、ゲンゴロウが五〇匹、クモ類が七〇〇〇匹ほど生息している。これらの数値は概数ではあるが、二〇〇一年に宇根氏らが全国調査を行った平均値であるという。

宇根氏の推論のとおり、おそらくは構造改善事業以前の水田の景観に織り込まれていた不正形の田や水路には、今では想像もできないような多様な生物が棲んでいた。それらの一部は、そして、「米と魚」のセットのうち米以外の部分として人びとの生命を支えていた。水田というしかけがもっぱらイネだけの仕掛けになったのは、おそらく高度経済成長期以降のわずか五〇年ほどのことと思われる。高度経済成長期、日本では多量の人口が農村から都市へと動いた。そうしたこともあって、農業の世界でも機械化が言われた。狭い、高度差のある田をつぶしては、大規模の水田に作り変える作業が、全国的に行われた。それは、たしかに「省力化」をもたらしはしたが、その代償が多量の石油を消費して行う農業の導入であった。

農業の生態的意味

宇根氏の論考は、この五〇年間以降の、生産性一点張りの農業に対する、作る側からの鋭い問題提起である。それは生産性こそ命とでもいうべき社会の風潮にあって注目されることはなかったが、生産性の限界、地球環境問題の噴出などによって注目を集めるようになってきている。とくに、環境問題としての生物多様性の意味を考えるとき、その意味はいっそう明確なものとなる。

生物多様性がもつ「生態系サービス」の価値の一つは食物連鎖の安定な維持にある。ここで言う「食物連鎖の安定な維持」とは、生態系を構成する種の個体数や関係性が環境によらず余り大きく変化することなく維持されることを意味している。この観点から見ると、例えば除草剤や殺菌剤などの施用で、「雑草」や「害虫」を駆除しようとする試みは食物連鎖の安定的維持とは相反することになる。

生態系の安定性の維持にもう一つ大事なことは、肥料や水などの「モノ」を大量に持ち込んだり、あるいは持ち出したりしないことである。つまり、「何も足さない、何も引かない」ことが、生態系の安定の基礎になるということである。しかし日本を含めた先進国の現代の農業では、多量の資源が持ち込まれている。それは、水、肥料や農薬から、温室栽培や農業機械用の石油などを含めて考えれば膨大な量となる。持ち出しの量も、多量である。何より、農産物は系内で消費されるよりはるかに多い量が系外に持ち出されている。つまり現代農業の本質は「high-input, high-return」にある。しかしこうした農業のスタイルは、せいぜいここ五〇年のものであり、また、アジア諸国でも一九六〇年代の「緑の革命」以後のものと思われる。これでは「水田稲作」がもたらす生態系の持続性は期待できない。

生態系の維持に重きをおくこうした議論に対し、世界レベルでの人口増加と食料供給のバランスを考える立場からの批判が多い。たしかに、低投入型農業では単位面積当たりの生産性は低下する。先進国が先進国の理屈だけで生産性を低下させ、世界の食料生産に負荷を加えるとすればそれは途上国の支持を得ることはできないだろう。しかし今の日本がやっていることは、次に書くように、自国の土地は遊ばせて、持っている金にモノを言わせて世界中の食料を買いあさっているのと変らない。少なくとも、使える土地は有効に使うべきである。この事態を少しでも緩和することが、環境に対する負荷を小さくするのに有効であると思われる。

農業生産と生産コスト

農業は産業の中で唯一、エネルギーを生み出すことができる。太陽光を使って水と二酸化炭素からでんぷんというエネルギーを生み出すことができるからである。その他の産業はすべて、石油・石炭などの化石燃料を使って、また有限の資源を使ってモノを作ってきた。なお、ここでは、農業という語を広く解釈し、林業、水産業、畜産業を含めて使うことにする。ところが今やその農業までが、石油を使った消費型産業に転じようとしている。いまや農業は、農薬や化学肥料など石油製品なしには成立しなくなりつつある。水産業は、従来狩猟経済の延長であって「獲る」ことに重きが置かれてきたが、ここ数十年は育てる漁業が急速に伸びつつある。しかし、育てる漁業といっても、過度に集約的な養殖は、狭義の集約農業と同じく多量のエネルギーを消費する。また、従来から資源の枯渇を招くと批判が強かった大規模な遠洋漁業も、エネルギー消費型の産業に転換してしまっている。むろん今すぐこうしたスタイルの農業を転換できるわけではないが、農業の意味を考えた、長期的視野にたつシナリオはぜひ必要である。

社会の交易圏の広まりにつれて、食料も長距離を運ばれるようになってきた。交易圏の拡大は、もともとその土地にない資源の融合や異文化交流を通じて大きな富を生み出した。しかし今のように多量の食料を何千キロ、何万キロも運ぶとなれば、その輸送のエネルギーも莫大なものとなるだろう。例えば、一カンのにぎりすしを考えてみよう。日本の、どこか漁港近くのすし屋で食べた「鯛のにぎり」と、ニューヨークの「スシバー」で食べるそれとでは、運搬に使われたエネルギーは極端に違う。生産に使われたエネルギーはほとんど同じなのに、である。前者では、地元の農家で生産された米と近海の魚場で獲れた魚を使うから、輸送に要したエネルギーはごく小さい。ところが後者は、米も魚も千キロの単位を運ばれてくる。しかも魚は輸送中の冷凍が欠かせない。残念ながら定量的な比較はまだ行っていないが、「畑から胃袋まで」の間に使われたエネルギーを単純に比べれば、その比は数百倍にも及ぶであろう。

それにもかかわらず二つの寿司の価格差はおそらく何百倍にもならない。それはひとえに大量生産、大量輸送の賜物と思われるが、この大量生産の恩恵を被ってきたのはお金を払える人たちだったように思われる。そうだとすれば、大量生産が食料の安定化を招くというのは途上国の貧しい人びとにとっては、幻想ということになるのではないだろうか。

生産活動が環境に与える負荷を数値化したエコロジカル・フットプリントの発想はこうした問題意識から生じてきたものである。人類が自身の生存に必要な糖とたんぱく質のセットをいかにエネルギーをかけずに生産できるかは、今後の人類とその社会の持続可能性を左右する大きな要素となる。モンスーン地帯における「米と魚」やムギの地帯における「ムギと乳」のようなセットは、エコロジカル・フットプリントの面からは理想的な農業生産の方法といえよう。むろん、そのまま昔に戻れというような主張をしているのではない。食べ物はなるべく運ぶな、といっているのだ。むろん、決定的に食料が足りない地域がある。アラブ社会などがそうである。そうした地域にまで食料を運ぶなとはいえない。それに、砂漠の真ん中で今すぐ農業をするのはエネルギーの面からは明らかに損失が大きい。しかしそれでも、何をどれだけ、どこから運ぶかについて、もっとも合理的な方法を考える必要があるのではないかと思われる。

雑草をどう考えるか

さて、モンスーン地帯における農業でもっとも脅威となるのは雑草であることは言をまたない。近世以前の水田稲作における休耕の大きな理由は雑草の繁茂にあったのではないかと私は思う。各地にみられる焼畑は火を使って畑を開く農業のやり方だが、同じ畑は三年も耕作すれば次の年以降何年かは休耕される。その理由は、地力の低下と雑草の被害の増加にあるといわれる。歴史的には、休耕は少なくとも古墳時代には始まっていたと考えられ、それを示す状況証拠もいくつか知られている。それほどまでに雑草の害は甚大だったのであろう。

近世に入ると、より多くの労働力が除草に使われるようになったと思われる。このころから土地の所有制は明確になり、休耕したり新たな土地を開拓する余地もなくなりつつあった。人びとは常畑化した水田にしがみついてコメを作るしかなかった。状況は近代に入っても同じであったが、都市労働力の需要が拡大するにつれ、草取りの人口が減っていった。除草剤はこうした背景を元に開発された。除草剤によって、人類は雑草を撲滅できるだろうか。藤井氏の論考を見る限り、それはきわめて困難なようだ。というのも、仮に強力な除草剤を使ってある雑草を除去しても、今度はその薬剤に耐性をもつ新たな雑草が登場するからである。しかもその「新たな雑草」が、同じ種に属する違ったタイプである場合も少なくない。

そもそも、作物と雑草とは、生態学的にはごく「似たものどおし」の関係にある。日本のように雨の多く植物の生育の早い場所では生態系は放っておけば遷移を進め、森になって行く。耕地は、耕作という攪乱によって遷移を押しとどめられた場所であり、かつ肥料分の多い土壌を有している。こうした土地に適応できるのは、作物と雑草だけである。両者は似た生態的特性を持ちながらも、一方は人間の庇護を受け、他方は排除されるという正反対の扱いを受ける。そこで雑草がとった戦略は、徹底して作物に擬態するというものであった。この擬態のゆえに、雑草の防除は困難なのである。

さらに、雑草と認識される種は、時代により場所により一定しない。農学関係者の中では有名な逸話だが、「コムギ畑の中のオオムギは雑草」なのである。それは、あるいは、パンコムギ（日本では普通に栽培されているコムギはフツウコムギである）は、エンマーコムギと呼ばれている栽培種が、当時その畑に生えていた雑草であった「タルホコムギ」との間で自然交配を起こしてできたとされている。パンコムギのもつ遺伝情報の少なくとも一部分は雑草起源である。さらにライムギと呼ばれる栽培種（黒パンの原料などに使われる）は、もともとコムギ畑の雑草であったものが、条件の悪い土地などで栽培植物として進化してきたものといわれている（辻本 2009）。

反対に、以前栽培種であった植物が雑草に転じたケースも多い。日本でも雑草イネとして問題となった「赤米」は、中世に導入された品種が近代に入って雑草化したものである。このように考えれば、雑草とは、人間が農耕という行為を通じて自ら生み出した存在である。雑草は獰猛な存在と考えられているが、その獰猛さは人間が作り出したものである。

人類は、「緑の革命」以降、除草の切り札として除草剤を開発し、文字通り「雑草防除」を果たそうとしたが、先にも書いたように、現状ではその試みは必ずしも成功を収めたとはいえない。そればかりか、過剰な除草剤の使用で水や土壌を汚染し、希少種を絶滅に追いやった。つまり、環境を悪化させた。現代日本の水稲稲作も、基本的はこの路線を踏襲している。このように考えれば、現状のままの水田稲作の行方は決して明るいものとはいえまい。

水田稲作の優位性

日本列島における水田稲作には、それでもまだ他の作物の耕作に比べれば優位性をもっている。そのひとつが、連作障害を起さない点である。多くの作物は、同じ土地で繰り返し栽培すると「連作障害」あるいは「厭地《いやち》」と呼ばれる不都合を生じる。障害の具体的な内容は作物により異なるが、収穫が減少する、病気にかかりやすくなるなどいくつかの共通項も見られる。ところが、水田稲作の場合にはこの連作障害がほとんどないことが知られている。イネも、畑で栽培すると連作障害が起きるから、「水田」での栽培が連作障害を起さなくさせている原因と考えられている。

水田稲作のもうひとつの優位性は、水田のダムとしての機能に現われている（富山 1993）。台風や梅雨期の集中豪雨などで一度にのたくさんの雨が降ったような場合、出た水を一時的に溜めておく機能があるのだという。そうでなくとも水田には通常は水が張られるから、夏には水田からの気化熱は気温を下げる効果も期待されている。事実、水田を渡ってくる風には涼しさを感じた経験をお持ちの方も多いだろう。いくつかの自治体では休耕田などに水を張って気温を下げる効果をねらっているという。ただし、田に水を張るだけでは気温を下げる効果は小さいと思われる。気化熱の効果は、そこに植物を植えておくことで一層顕著となる。その植物が吸収した水を蒸散するため、大きな気化熱を奪うからだ。土をいれたバケツにイネを植えたものと何も植えないものを準備して水を張り、水の減り具合一日を観察してみるとそのことがよくわかる。イネを植えたバケツでは、そうでないものに比べ、ずっと早く水がなくなってゆく。

日本人は米を食べてきたか

ところで日本人は米を食べてきたのだろうか。寺澤薫氏は弥生時代のいくつかの遺跡から出土した植物遺体を丹念に調査し、ドングリなど自然植生からの採集物が一番に多かったと述べている。つまり、水田稲作が普及したとされる弥生時代においてさえ、「農耕」の要素より「採集」の要素のほうが大きかった可能性を強く示唆している。

古代に入ると食の文化は、時の権力者と庶民の間では大きく異なったようだ。文書などに残る貴族たちの食は現代の私たちの目にも相当豪華で、飯など、椀に山ともって振舞われていたようだ。平安時代の「王朝料理」を再現した京料理「六盛」主人の堀場弘之氏によると、当時の貴族のハレの食事では、飯は円筒状に高くもって振舞われていたという。もっとも振舞われた全部を一時に食べたかどうかは不明だが、それだけの飯が出されたことは事実と思われる。また、藤原道長は糖尿病であったとの話は、当時の貴族たちの美食の様子がうかがい知れる。なお奈良時代の大和地方には、醍醐、蘇などといわれる乳製品があったとされる。また、五世紀の大阪平野からはコムギの種子やウマの骨格が出土していて、牧畜の存在が窺われもする。かつて江上波男（一九〇六～二〇〇二）は「騎馬民族渡来説」を展開して大論争となったが、これらの事実は騎馬民族渡来説の再来を髣髴させる。

中世から近世にかけてはどうか。これについては、木村栄美の論考が参考になる。木村は絵画資料に現われた食事の風景を読み解くという手法で中世の人びとの食生活を明らかにしようとした。木村は、貴族、僧、一般庶民のそれぞれについてその食を読み解いているが、飯はそのいずれにも登場するようでその限りでは「飯」が主食の地位を獲得していたようにもみえる。ただ、その「飯」が米飯なのか、あるいは玄米なのか白米なのか、モチかウルチかなど詳細は不明である。絵画に限らず、文書がどこまで正確に事実を伝えているかはわからない。「一般庶民」にしても、それは当時の先進地であった京周辺の一般庶民であって、地方を含めた庶民の生活を代表していないとの指摘も可能である。ただ、木村もいうように、描かれた世界が絵師の視点を反映していることは事実である。

近世の飢饉をどうとらえるか

この点について、近世に頻発した「飢饉」を考えてみたい。近世の、とくに東北日本では飢饉が頻発し、天明年間を含む数十年の間に人口が激減するほどの災害となった。この一連の飢饉についてはこの時期の低温（小氷期という言い方をする研究者もいる）に原因を求める議論が多い。しかし、考えようによっては低温という気候変動は一種の引き金ではあってもそれが原因のすべてではないという見方も可能である。すでに何人もの研究者が考えているように、中世以前の東北日本は、近世ほど稲作一本やりの農業経営が進められたわけではなかった。

もともと近世以前の日本列島の北方では、コメより雑穀を主穀とする文化が長く続いたものと思われる。近世とは、極論すれば、北海道や沖縄を除く日本列島の政治的統一にあわせて、水田稲作を人為生態系の中心におき、コメを主穀とし、コメを貨幣とし、稲作やコメ食に関わる文化を正統な文化とした時代でもあった。

しかしそうはいっても、それ以前の基層文化が根こそぎ奪われたわけではない。今でも、「山菜採り」「きのこ狩り」などの習慣は東（北）高西低の傾向があるが、それも当時の名残を今にとどめるものということができよう。青森市歴史民俗展示館（二〇〇六年閉館）稽古館におられた田中忠三郎氏は「森は下北のデパート」という言い方でこのことを表現された。つまり、コメが不作のときでも、森に行けば食べるには困らなかったということを言われたものである。とすれば、稲作に過剰のエネルギーを注いだ余り、森の管理が手薄となって「森の恵み」が得られなくなったことが飢饉の直接の原因であったとも考えられる。今後の証明は必要だろうが、ひとつの仮説として記憶に留めておきたい。

米と魚

水田というと現代日本列島に住む日本人の多くが緑のじゅうたんのような光景を想像する。つまり水田とは、現代日本人には米を作る場である。しかし、先の雑草の項でも書いたように、水田にイネ以外の植物が生えない状況は、多量のエネルギーをそこにつぎ込んだことの結果である。宇根氏がいうように、本来ならば、田にはイネ以外にも多くの植物が生息するのが普通である。

さらに、――これも宇根氏が言うように――田にはさまざまな動植物が生息する。そしてそれが安定した生態系なのである。それらは、今では「雑草」「害虫」など、稲の生産を阻害する存在としてもっぱら捉えられる傾向が強いが、歴史を振り返るとそうした認識はきわめて現代的であって、過去に生きた人びとは決してそうは考えていなかったことがわかる。

哺乳類としてのヒトは、その生存のためにエネルギーとしてのでんぷんと身体を作るためのたんぱく質を不断に必要とする。そして、それら田にいた生き物たちは、でんぷんの給源として、あるいはたんぱく質の給源として利用されてきた。私はこうした生産のスタイルを、象徴的な意味で「米と魚」と表現した（佐藤 2008）。これは、米と魚がセットとして食を支えてきたことを言ったものである。米と魚のセットは、歴史的に見ても、稲作開始以後のモンスーン地帯に広範に認められるセットである。似たセットは、第一巻で展開した議論に引き続いて言えば「麦の風土」では「ムギ（またはジャガイモ）と乳」、インド亜大陸では「雑穀とマメ」などとして形を変えて存在する（佐藤、二〇〇八b）。こうしたセットは、その土地やその風土に根づいた、いわば「エコ」なセットになっている。

現代日本人の食をここで省みてみよう。半世紀ほど前の一九六五年の統計と比べてみると、コメの消費は、最初に書いたように一一〇キロ台から六〇キロ台前半に半減している。魚の消費はというと、一四キロが一二キロになったばかりで、大きな変化はない。いっぽう、乳製品を含む畜産品の消費量は二倍半に増えている。野菜・果実などの消費にも大きな変化があったわけではない。このように、米と魚のセットについては、統計上は米の減少という形で顕在化している。

その前の時代については統計資料が見当たらなかったので正確には言えないが、私の子ども時代であった昭和三〇年代を振り帰ってみると、今よりずっといろいろなものを食べていたという記憶がある。ざっとあげてみても、田んぼのタニシ、ドジョウ、磯の貝類、ハチ（蜂）の子などの動物質、ヨモギ、スイバ、いわゆる山菜などの植物質などをあげることができる。私の記憶にはないが、地域によってはさまざまな昆虫やその幼虫、シカ、ウサギ、イノシシ、カモなどの動物なども当たり前に食べられていた。今日本で「肉」というと牛、豚、鶏三つしかないが、これこそ異常というべきかも知れない。

中近世の食については原田信男氏の論考に詳しい。それは田を含む生態系に生息する動植物オンパレードの様相さえ呈している。そこに垣間見えるのは実に多様な食材の存在であるが、それにも増して興味深いのは、いわゆる「主食」となったでんぷん給源についても、ヒエなどの雑穀やサトイモなどのイモ類が使われていた地域が広範囲に存在したという事実である（坪井 1979）。これについては次項でもまた触れる。

コメと心

このように、田の主人公として扱われてきたのはコメだけであった。いや、コメはずっと田の主人公として扱われてきたかのように言われてきた、と書くのが正確かもしれない。原田（2005）がいうように、水田稲作社会への帰属は、古代以来日本の支配層が一貫してとってきた政策であるし、そうした政策が繰り返し採られた背景には生産の実態として、水田稲作だけには頼りきれない歴史と多様性があった。そして、こうした政治と生産の葛藤は、中世にも続いていたと網野善彦（一九二八〜二〇〇四）はみている（網野 1997）。

しかし、政治や権力の思惑だけでは説明しきれない何かがあるのも事実である。その「何か」とは、いったい何だろうか。稲作は、その舞台（どのような場でイネが栽培されているか）の多様性によらず、持続的な生産方法であったといわれる。私も、部分的にはこうした言い方には賛成である。「部分的には」と断ったのは、とくに高度成長期以後のいわゆる「ハイ・インプット、ハイ・リターン」つまり多肥多収の稲作が、決して持続的とは思われないからである。それでも、日本列島の広範な地域では、コメは生産の中心であり続けてきた。一方、例えば欧州では、ムギは、ジャガイモ以前には「主食」の地位を保っていたかもしれないが、そのムギとて、小麦、大麦、えん麦、ライ麦など多様である。同じ小麦といっても、フツウコムギのほかにパスタ用のマカロニコムギがある。コロンブス以降の欧州では、特に北部を中心にしてジャガイモがでんぷん給源の主力となった。こうした状況では、特定の種が何か特別な穀類として、人びとの心の中に息づく構造はできにくいであろう。

コメの優位性を、「神饌」「儀礼」などの面からみたのが神崎宣武氏の論考である。これらは、今ではハレの場面でさえ忘れられてしまった存在のようにもみえるが、それでも日本人は新年の初詣はかかさない。そしてモチを食べ、屠蘇酒を飲んで新年を祝う。こうした精神構造は、――それが誰かが意図して作ったものであるにしても――日本人と米、稲作との強い関係を示すものと理解できよう。

むろん、それはかつて坪井洋文（一九二九～一九八八）が『イモと日本人』の中でふれた「餅なし正月」の民俗事例が示すように、時間と空間を越えて普遍的に成立していたわけではない。東（北）日本と西日本とは、栽培される作物やその品種、随伴した動植物、森林の植生などについて異質である（青葉 1980・佐藤 2009）。赤坂（1999）は、こうした状況をみて、「いくつもの日本」という言葉を編み出した。いくつもの日本を基層に持ちながら、日本がコメや稲作文化に収斂していった過程では、それぞれの時代における支配層が重要な役割を果たしたことに疑いはない。

しかし理由は他にもあったと思われる。例えば、コメがもつ栄養価があげられる。コメは人類には主にでんぷんの給源であるが、若干のたんぱく質を含む。たんぱく質は二〇のアミノ酸からなるが、コメのたんぱく質はこのアミノ酸のほとんどを万遍なく含む。だから、仮に動物性たんぱく質がなくコメだけを食べているだけでも、飢餓状態にはなりにくくなる。一方もう一つの穀類の王であるコムギは、たんぱく質の総量はコメより多いもののアミノ酸のバランスが悪く、それだけを食べているといずれは飢餓状態に陥る。聖書にもよくでてくる「パンとぶどう酒」の組み合わせは、パンのそうした欠点をワインが補うからという説明もある。

ブランド志向と偽コシヒカリ騒動

コメを特別視する日本人の思考傾向は、ときとしてゆがんだ形で発現することもある。数年前に社会問題になった偽コシヒカリ問題もそのひとつである。これはその後連続しておきた一連の「食の偽装」の発端ともなった問題で、「偽装」の本質をよくあらわしているといえる。偽コシヒカリの詳細は所収の花森功仁子氏のコラムに譲るとして、この問題の底流にあるのが、「ブランド志向」ともいうべき思考傾向ではないかと思われる。

ブランド志向の思考傾向は、多様性の低下、ことに品種の多様性の喪失に拍車をかけている。日本のイネ品種の多様性低下がいかに深刻であるかはすでに書いたところだが、それではコシヒカリ以後イネの品種が世に出なかったのかといえばそうではない。コシヒカリという品種の農林登録番号は、「農林一〇〇号」である（登録年は一九五六年）。二〇〇八年現在登録番号は四三一番に達しているので、国が関与したものだけでもコシヒカリ以後の約五〇年で三〇〇を超える品種が世に出ていることになる。登録番号を与えられなかった品種の予備軍はこれよりさらに多い。それなのに、稲作農家も消費者も、その存在のごくわずかしか知らない。現実に栽培されたことがある品種、現在栽培されている品種も、ひかびか二〇〇程度を下回っている。

その原因をどこに求めるかは簡単な作業ではないが、少なくとも、消費者の「ブランド志向」が関係していることは確かであろうし、その心理をたくみに操るマーケットの存在もまた見逃しにはできないであろう。技術と社会という観点から見ると、このことはある社会が優れた技術力（ヒト）とエネルギー（モノ）を投入して新たな富を生産したところで、それを利用するシステムがないとすべてが水泡に帰する恐れがあることを雄弁に物語っている。コシヒカリ一辺倒の責任は、品種改良の専門家にあるのではない。それは、技術を生かしきれなかった社会と政治の責任といわなければならない。

省みるに、日本には明治初期には四〇〇〇を超える品種があったといわれる。現在、栽培されている品種は二〇〇そこそこなので、品種の数を多様性の指標にすれば、この一〇〇年間に多様性の程度は二〇分の一にまで低下したことになる。さらに、明治時代中ころの品種と今の品種の大きな違いは、品種という一つの集団の中の多様性にもある。品種の中の多様性という概念は理解しにくいかもしれないが、じつはイネの品種はどんな品種でも完全なクローンではない。コシヒカリでさえ、厳密に比較すれば、県ごとで違った遺伝子型を示すはずである。そして同じ県産のコシヒカリの中にもいくつかの遺伝子型のものが混じっている可能性が否定できない。こうした多型性は古い時代の品種ではさらに大きく、同じ品種の個体をたくさん植えて比較すると、背丈や開花の日、米粒の大きさや形などさまざまな性質に違いが見られた。明治期から昭和初期までの品種改良の主要な方法であった「純系分離」法は、在来の品種の中からすぐれた性質を持つ株を取り出してその種子を増殖するという原始的なものであるが、こうした方法が有効であったほどに、当時の品種は、一つの品種の中に多様性を有していたのである。

　このように考えれば、明治期までの日本列島のイネの品種が遺伝的にいかに多様な存在であったかが容易に理解できよう。

稲作文化と日本のこれから

かつての柳田の時代とは異なり、日本が単一民族国家であり単一の文化を持つと考える研究者はさすがにもういない（赤坂 1999）。農耕の文化だけをみても、日本列島に渡来したものは朝鮮半島を経由してきたもののほか、北方から、または南方から渡来した文化が混ざり合い複合的な文化を形成したと考えられている。稲作文化は、そうした文化複合の中から生まれてきた文化と解すべきように思われる（佐藤 2009）。

そうすると、コメ食や稲作の文化がいつから日本列島の全体をカバーするようになったかは歴史学上の大問題の一つになる。先にも書いたように、日本人が上代から米を主食として食べてきたという事実はない。日本列島がそのころから、一面の水田に覆われていたということもまたないであろう。ただしそれでも、コメつくりや米の飯は、――少なくとも西日本では――人びとの憧れであったことに違いはない。絵画資料に現われた米飯の絵が物語るのは、そういうことなのであろう。

近世には、コメは通貨としての役割をになうほどに重要な物資にまでなっていた。「石高」という日本独特の言葉はそのことをよく示している。一石（約一五〇キロ）は、成人男子が一年生きてゆくのに必要なコメの量である。それはまた、武士や藩が、何人を養うことができるかを実数で示すものさしでもある。それが経済力を示す度量衡として通用したことに、コメの地位がよく示されている。

今の時代に住む日本人にとっても、コメは特殊な存在である。神戸淡路地震の復興に入ったボランティアの人びとや被災した人々が、朝食に乾パンが配られているうちは元気が出なかったが、おにぎりにしたとたん意気が上がったという。やはりコメには何らかの力が秘められているのだろうと思う。こういうことを書くのは研究者としてどうかといわれるかもしれないが、「精神の力」は物質万能主義の今の日本人が省みるべきものの一つではないか。そう表明して、「ユーラシア農耕史」第二巻の序としたい。

参考文献
富山和子『日本の米　環境と文化はかく作られた』（中央公論社、一九九三）
網野善彦『日本中世に何が起きたか　都市と宗教と「資本主義」』（日本エディタースクール編集部、一九九七）
赤坂憲雄『いくつもの日本』（岩波書店、一九九九）
原田信男『歴史のなかの肉と米』（平凡社、二〇〇五）
佐藤洋一郎（編）『米と魚』（ドメス出版、二〇〇八）
佐藤洋一郎「作物学から見た坪井洋文」（『季刊東北学』一八、二〇〇九）

第1章　米の精神性

神崎　宣武

はじめに

米は、アジア各地における伝統的な主食作物であることは、いうまでもない史実というものである。とくに、モンスーンアジアの各地でその伝統が顕著である。

しかも、米には、ただの食用機能だけでなく、ある種の精神性が投じられている。「神聖性」といってもよいが、さまざまな儀礼に上位の供えものとして、また呪術的な祭具としてつかわれている。世界でさらに広範な分布をなす主食材である小麦と比してみると、米の神聖性は際だった特徴である。

そこには、米のもつ「神秘性」が作用しているだろう。たとえば、稲籾から米穀への再生能力が高いことがあげられる。また、米粒が半透明の白色であり、それを炊きあげたところで純白になることの色調もあげられる。総じて、他の作物にない神秘性を認めざるをえないのである。

ただ、それがアジア全般に時代を経て普遍するかどうか、ということでは疑問がある。たとえば、

『コメとアジアのひとびと』(1)(二〇〇三年)。中国・インドネシア・日本・韓国・マレーシア・フィリピン・タイの気鋭の研究者のフィールドワークをまとめた好著であるが、とくに各編で稲作農民のライフヒストリーを重視しており、その一項がこの場合に参考になる。

たとえば、中国・江蘇省の春節では米粉でつくった元宵が、端午節では糯米でつくった粽子が不可欠である、という報告がある。それぞれに、それを食することで生命の再生をはかろうとするのだから、米の霊力を認めているのだ。

インドネシアのジャワ島では、米は両性をそなえている、と信じられてきた。収穫された米は、まず粘性のある稲穂と乾燥した稲穂をそれぞれに束にする。つまり男性と女性をあらわすわけで、その前で祈りをあげる、という。そして、それは、竹製の籠に移されて地区が共有の納屋に祀られるのだ、という。

タイでは、クワンという母なる魂が生きものすべての体内に存すると信じられており、米も例外ではない。その魂がなくならないように、時々に米の再生儀礼を行なう。とくに、稲籾の保管は厳重に行なう。それは、陸稲栽培の伝統をもつ山地のシャン族なども同様である。また、タイの王室は、田植えから稲刈りまでの臨地儀礼を伝えている、と報告する。稲・米を国家の繁栄の源とするからに相違なく、そのところでは日本の皇室行事にも相通じるのであろう。しかし、全体的にみると、現在での東アジア各地では、米の神聖性がずいぶんと後退している、という印象が強い。とくに、民間信仰

本社／〒606-8204 京都市左京区田中下柳町8番地 ☎075-721-7111 FAX075-781-616
東京／〒101-0062 千代田区神田駿河台2-11-16 さいかち坂ビル ☎03-3293-5021 FAX03-3293-502
E-mail (本社)kyoto@rinsen.com (東京)tokyo@rinsen.com http://www.rinsen.com

田中良昭・椎名宏雄・石井修道 監修

雪峰《せっぽう》

（鈴木哲雄 著）

唐代の禅僧〈全12巻〉

第6回配本 第9巻

＊5月刊行予定

「**北には趙州有り、南には雪峰有り**」と評された片方の雄、雪峰。巧みな弁舌で一世を風靡した趙州に対し、**雪峰**は玄沙・雲門を始め多くの著名な弟子を輩出した教育者であった。雪峰の弟子たちは福建から全国に広がり、五代から北宋の時代に大活躍した。後代に大きな影響を与えたその生涯と弟子との問答、弟子たちの活躍に加え、禅の大きな流れも視野に入れ書き下ろす渾身の一書。〈**第6巻『趙州』第11巻『雲門』好評発売中！**〉

■四六判上製・約280頁　予価二、八〇〇円

ISBN 978-4-653-03999-0（第9巻）
ISBN 978-4-653-03990-7（セット）

京都大学人文科学研究所 編

漢字文化三千年

本書は京都大学二十一世紀COEプログラム「東アジア世界の人文情報學研究教育據點」主催の國際シンポジウム「漢字文化三千年」（二〇〇七年）の発表に改訂を加えた、第一線の研究成果である（外国語は和訳）。「**漢字のはじまり―東アジア古代の文字使用**」、「**木簡が語る漢字學習―役人は漢字をどう學んだか**」、「**漢字のシルクロード―敦煌から正倉院へ**」、「**藏書が開いた近世―宋版の役割**」の四部構成。

■菊判上製・約360頁　予価五、二五〇円

ISBN 978-4-653-04066-8

京都大学 国文学研究室 中国文学研究室 編

良基・絶海・義満等一座 和漢聯句譯注

聯句連歌の隆盛期の一つ、南北朝中後期において、作品の全容が明らかになっている数少ない和漢聯句の一つを翻刻、注釈・解題を付す。連歌の泰斗である**二条良基**と、五山文学の双璧と謳われる**義堂周信・絶海中津**の名が見える唯一の聯句連歌である上、その三人が一座するという**連歌史・五山文学史**にとっての重要資料である。また、当時武家の最高権力者である**足利義満**が参加している点では**政治史的**にも興味深い資料。

ISBN 978-4-653-04067-5

重宝記資料集成

——生活史百科事典——

本巻45冊
別巻総索引

の史料を、日用事典、往来物、教養・教習、文字尽、礼法・服飾、俗信・年暦、算法・経世、医方・薬方、農業・工業、商業・地誌、料理・食物、遊芸・遊里、明治以降の全13篇に分け影印。本巻45冊（完結）に、この度別巻として総索引1冊を付し、全46冊が全巻完結。

■ A5判クロス装・平均450頁

〈本　巻〉全45冊　四一七、二七〇円
〈総索引〉全1冊　一五、三三〇円

ISBN 978-4-653-04008-8
ISBN 978-4-653-03860-3

佐藤洋一郎 監修／木村栄美 編

ユーラシア農耕史〈全5巻〉

日本人と米

第2回配本 第2巻

人にとってかかすことのできない食の営み。そのなかでも日本人にとってのコメをめぐる環境と思想は、どのような歴史をたどり、現代のコメ食や稲作のあり方にどのような問題を投げかけるのか。東南アジアのコメの文化・思想も視野に入れながら、民俗学・神道・植物学・農業従事者などコメの現場に携わるさまざまな立場の識者が、コメをめぐる環境・思想の多様性について追究し、そのあるべき未来を提言する。

■ 四六判上製・約250頁　定価二、九四〇円

ISBN 978-4-653-04042-2（第2巻）
ISBN 978-4-653-04040-8（セット）

日本ヘルマン・ヘッセ友の会・研究会 編・訳

ヘルマン・ヘッセ エッセイ全集

第2回配本 第2巻

省察Ⅱ（折々の日記2・自伝と回顧）

第2巻は、一九一八年以降の日記の断片と自伝的な小文をとりあつめている。いくつもの旅や出来事、周りの人間についての言及、また幾度も書かれた自伝的な文章を通じて、作家として油の乗った時期から老年に至るまでのヘッセの心の動きを知る事ができる。占星術的に自己を分析した「私のホロスコープ」や、「私の国籍について──ナチのプレスキャンペーンを機会に」は世相がうかがわれて興味深い。

■ 四六判上製・約380頁　予価三、三六〇円

ISBN 978-4-653-04052-1（第2巻）
ISBN 978-4-653-04050-7（セット）

塚田幸光 著

シネマとジェンダー

―アメリカ映画の性/政治学

ビジュアル文化シリーズ

不能のカウボーイや、過剰に体を鍛える男性。或いは戦闘的な女性や、逆に非常に〈女らしい〉女性―アメリカ映画のなかの「**性**」の描きかたにはどのような意味があるのだろうか。「**ジェンダー**」「**セクシュアリティ**」という視座に立ち、第二次大戦、ヴェトナム戦争から9・11期にいたる映像表象の変遷を考察。その深層にひそむアメリカ文化の構造を明らかにする。

■四六判上製・約250頁　予価二、七三〇円

ISBN 978-4-653-04060-6

表 智之・金澤 韻・村田麻里子 共著

マンガとミュージアムが出会うとき

ビジュアル文化シリーズ

近年、コンテンツ政策の推進とともに**マンガ**とその周辺文化が**博物館・美術館**で紹介される機会が増えている。本書は、ミュージアム空間に置きなおすことで明らかになるメディアとしてのマンガの性質や、マンガを取り入れることで拓かれるミュージアムの新たな可能性について、**マンガ学・美術・博物館学の視点**から考察する。また、巻末コラムでは現場で展示に携わる人々より、マンガ展示の多彩な魅力を紹介する。

■四六判上製・約250頁　予価二、六二五円

ISBN 978-4-653-04017-0

堀 あきこ 著

欲望のコード(仮)

―マンガにみるセクシュアリティの男女差

ビジュアル文化シリーズ

日本において、**女性のための性を描いた恋愛コミック**は、一市場を築く商品ジャンルとして確立している。本稿はこれら〈性的表現を含む女性コミック〉の比較分析を通し、メディアの受け手である現代女性がどのような作品を望んでいるのか、また、どのようなセクシュアリティ観を持っているのかを浮き彫りにする。そして、**男女のセクシュアリティ表現**の差異から社会を再照射する。

■四六判上製・約250頁　予価二、六二五円

ISBN 978-4-653-04018-7

としての米の重要度は、さほど高くないような印象をうけるのである。

米・穀霊についての神話とその伝承は、各地で認められる。また、収穫儀礼も認められる。さらに、行事の日に強飯（赤飯）がつくられたり、餅や団子がつくられるのも認められる。しかし、とくに供えものとしての印象が弱い。たとえば、米粒そのものを神仏に供える習慣までは十分に探れないのだ。それも、白米と玄米を対にして供える習慣となると、どこにも出てこないのである。

もっとも、これは、調査にあたる者の意識や質問の問題もあるので、この報告例だけをとって決めつけるわけにはいかない。事実、本編での日本の報告も、そのところでは内容が貧弱である。

しかし、日本では、現在でも年間を通して、まつりには米とその加工品が不可欠な供えものであることが歴然として伝わる。墓参りにも米袋を持っていき、墓前に米粒を供える。現在でも、農山村ではしばしばみられる光景である。

とくに、米飯、清酒、餅は、供えもののなかでも最上位にあるし、直会食《なおらい》としても最重要である。都市の住民や若い世代では意識の違いがみられるが、日本での「米と儀礼」の関係は、なお濃厚であることを認めてよかろう。米の神聖性は、アジアのなかでは日本でもっとも顕著に伝承されている、としてよろしいのである。

まつりの神饌《しんせん》

まつりの神饌には、穀物や野菜、海の幸、山の幸など種々のものが供されるが、いつも不可欠なのが、飯と酒、餅である。それは、神主が奏上する祝詞にもよく表われている。すなわち、「大前《おおまえ》に御《み》飯《け》、御酒《みき》、御餅《みかがみ》をはじめて、山野《やまぬ》のものは甘菜辛菜《あまなからな》、海川《うみかわ》のものは鰭《はた》の広もの鰭の狭《さ》もの、奥つ藻菜《もは》辺つ藻菜にいたるまで横山のごとく置たらわし、種々《くさぐさ》の物を合わせ献奉《たてまつ》り拝《おろが》み奉るさまを平らけく安らけく聞食《きこしめ》して……」（神社本庁制定の祈念祭祝詞例文を訓読化）と一般的には続くのである。その順が前後することはまずないはずだ。

つまり、常に筆頭に飯・酒・餅がある。

御飯

御酒

御餅

荒米《あらしね》

和米《やわしね》

海の広物《ひろもの》（魚類・貝類）

海の狭物《さもの》（コンブ・ワカメなどの海藻類）
川の広物（アユなどの川魚）
川の狭物（藻類）
山の広物（キジ・カモなどの野鳥類、イノシシなどの獣類）
山の狭物（カシ・シイ・カヤ・トチなどの木の実類、シイタケ・マツタケなどの茸類、クズやワラビの根＝澱粉など）
野の広物（水菜などの葉菜類）
野の狭物（ダイコンなどの根菜類）

厳重なまつりの祭典では、このように神饌が並ぶ。ただし、御飯と御酒が逆になったり、海・川・山・野の広物・狭物が省略されたり、一台の三方にまとめられる場合もある。近年では、果物が別途用意される例も少なくない。

もっとも、この原則は、明治八（一八七五）年の式部寮通達「神社祭式制定ノ件」、一般にいうところの「明治祭式」に定められたものである。神仏分離令（廃仏毀釈）にともなって、神道が国教化されたからである。祝詞奏上とか玉串奉奠など今日どこの神社でもみられる祭式法がそうであり、神饌の基本的な調整法がそうであった。

それは、いいかえれば、伊勢神宮を中心とした国家的な神事での祭式を中心に制定されたものである。つまり、そこでは、国家の安泰と五穀の豊穣を祈念することに主眼があった。

いうまでもなく、近代の日本は、稲作農業を基盤として成立した国家である。そこでは、国家的な神事として、春の祈念祭《としごいのまつり》と秋の新嘗祭《にいなめさい》がもっとも重要なものとして位置づけられた。ちなみに、祈念祭のトシ（年）は穀物《とし》のことで、新春にあたってその豊作を祈って予祝するものである。また、新嘗祭は、その収穫を謝して奉祝するものである。もっとも、その種のまつりは、それまでも民間での重要な行事として伝えられていた。それを国家があらためて権威づけて、祭式統一をはかったにすぎない、ということもできる。

明治祭式は、上位下達のかたちで、国幣社から官幣社、県社、郷社、村社まで伝えられ、全国各地の神社の例祭の神饌が標準化されるようになったのだ。それが、どれほどの統制力をもっていたか。明治という国家体制を背景に考えてみると、それまでの時代にない急速な徹底をみたであろうことは、想像にかたくない。なにしろ、太政官令によって、ほとんど一夜にして日本人すべてが姓（名字）を登録したほどの時代だったのである。

むろん、社格や祭礼規模が小さくなると、神饌の品目が何品か削減されることになる。が、以後もこの基準が神社の祭礼には伝えられることになったのである。

さて、この神饌一覧の上位三品は、調理されたものであることに、あらためて注目しなくてはならない。あくまでも神饌の中心は、飯・酒・餅なのである。

これらは「熟饌《じゅくせん》」である。これに対し、野菜・果物・魚など未調理のものを「生饌《せいせん》」（丸物神饌）という。本来は、別の意味をもって供されるものである。

生饌は、豊作、豊漁、豊猟を祈り、またそれを謝して品揃えをする意が強い。いうなれば、標本展《サンプル》示の意が強いのだ。一方、熟饌は、そのとき入手できる最上の食材をもって祖霊を含む神々を賄いもてなす意が強いのである。

とすれば、本来その品々は、ところにより、季節により異なるのが当然であろう。生饌でいえば、農村においては農作物が、山村においては採集物が、漁村においては海産物が主体となる。さいわいにも、明治祭式の神饌の規定でも、分野ごとに一対の神饌を定めはしたが、その品目までの細かい指示はしなかった。祝詞でも、簡単には「海野山野の種々のものを合わせ献奉り…」となるのだ。

そして、あくまでもカミが口にするのは、あるいはヒトがそれを相伴するのは、熟饌である。したがって、熟饌は、まつりの日にかぎらず、いつでも神前に揃えてしかるべきなのである。

たとえば、伊勢神宮での「日別朝夕大御饌祭《ひごとあさゆうおおみけさい》」での膳には、タイ（鯛）や青菜は生ものであるものの三種の飯を中心に箸を添えて供される。そのタイや青菜も一人前とおぼしきつつましい量が瓦笥《かわらけ》にのせてあり、これは調理の手を省いて形式化した、と思われる。

また、別の伝統をもつ春日大社の「若宮御祭り」の神饌は、御染御供《おそのごくう》と呼ばれる十膳の精進物であるが、これも、野菜類に火が通っていないものの一口で食べられるように切られたものが盛りあわせられている。明らかに、調理の手が省かれたかたちである。それは、料理そのものだと長もちがしないのと、神前での臭気を嫌ったからであろう。それと、この御染御供が熟饌の形式化したものであることは、その十膳だけが御旅所の神前に供えられ、生饌の魚や鳥は姿のままで別なところ（神饌棚）に供されているところからも、明らかになるのではあるまいか(2)。

生饌と熟饌は、あくまでも区別されてしかるべきなのである。現行の多くのまつりにおける神饌は、それが混同されているようにもみえる。だが、よくみると、扱いが違っているはずだ。飯、酒、餅といった熟饌が上段か中央部に供えられており、生饌はそれより下段か両脇かに位置づけされているはずである。

飯・酒・餅という三種の熟饌こそが、旧来の神饌の定型だった、とみることができる。現実に、小規模なまつりでは、いまも飯・酒・餅だけですませる例がけっして少なくないのである。

つまり、それが、かつては最上の馳走であったのだ。この場合、かつてというのはまことに大ざっぱな時代感覚になるが、日本に稲作が伝来・伝播してからのち第二次大戦直後のころまで、としておこう。それは、米が経済的な価値観の基準となっていた時代、といってもよい。つまり、神饌の飯・酒・餅は、いずれも米だけを原料としてつくられていることに注目しなくてはならないのだ。いいかえるなら、米の霊力をより凝縮したものなのである。

御飯《ごはん》と糅飯《かてめし》

歴史を通じてみると、米は、日本人にとってもっとも重要な食材であり、その確保はもっとも重要な生計というものであった。とくに、水稲は、連作がきくので定住生活が可能であった。食味もすぐれており、食べあきることもなかった。

思えば、極東アジアに位置する日本列島北部は、朝鮮半島や中国東北部とともに稲作の北限地である。南方から稲作を導入するにあたっては、相応の難儀がともなったに相違ない。冷害や旱魃を恐れながらもあくなき努力を重ね、稲作を進めて米食を得たのだ。日本人にとって、私たちの先祖にとって、米はいかにも貴重な食材であった。

しかし、日本列島においては、どの時代もその稲作米食をもって全国民の全食事を賄うことはできなかった。総じて、それだけの収穫量を確保することはむつかしかったのである。

たとえば、江戸時代を例にとってみると、「六公四民」とか「七公三民」といわれたように、稲作に励んだ農民たちは、収穫量の半分以上を年貢米として徴収された。その年貢米は、主として人口比で三割にも満たない武士や町人などの非農民を対象として流通したのである。それによって、たしかに非農民、いいかえれば都市住民は、米食を主食とした。が、江戸中期以降の江戸市民も、米を十分に食していたわけではない。稲垣史生編『三田村鳶魚　江戸生活事典』や渋沢敬三編『明治文化史生活』などを参考に類推してみると、江戸の町では、文化・文政（一八〇四〜三〇年）のころまで、職人をのぞいては一日二食であった。

とくに、江戸の人口が急増していった江戸中期になると、江戸市中での食事を二食に厳守するようにとの幕府令（倹約令）が出されたりしている。そして、実際に江戸の町に集められた米は、一人一日二食分平均しか流通しなくなっている。ゆえに、蕎麦や団子などの間食を発達させたのである。江戸の町で一日三食が一般化するのは、幕末から明治のころ。それは、東日本各地での新田開作が進んでからのちのことであった。

一方、米の生産者たる農民も、米をもって主食としたわけではない。

「いまわの米粒」の話が、各地の農山村に伝わる。死期に及んだ病人の耳元で米粒を入れた竹筒を振り、いますぐに米を食べさせてやるから元気をだせ、と励ます話である。米の飯を食べるのが悲願だったから、せめて米の音だけでも聞かせてやろう、という思いやりとともに、米の霊力をもって生命力をよみがえらせてほしい、という願望がこめられていただろうことは、想像にかたくない。そして、この話が農山村に広く分布することに意味があるわけだ。それは、とりもなおさず、農民はイネはつくるが米を口にしにくい状況におかれていたことを物語ってもいるのである。

農家と一口にいっても、時代のちがい（農耕技術のちがい）や地域のちがい（気候のちがい）、それにかつては諸藩ごとの規制と地主、小作の立場のちがいなどあって一様ではない。それをあえて大ざっぱに均して考えてみると、日本の農家は、一戸平均五反（五〇アール）ほどの水田と五反ほどの畑を耕作して農業経営を成り立たせてきた。いわゆる「五反百姓」（水田五反）を基準にしてよかろう。とくに、西日本で自給的な村落の成立起源をもつところでは、その傾向が強い。全国的に大規模な水田開作が広げられるのは近世であるが、それでも小作農まで均等に水田を配分してみると、五反が六反に増えるほどの面積は期待できないのである。

その五反ばかりの水田から収穫される米の量だが、現在では農業技術の発達により反当たりの収穫量が一〇俵（一俵は四斗、玄米で六〇キログラム、精白米で五六キログラム）にもあがる例が少なくない。しかし、江戸時代から戦前まではそれほどの差異がなく、全国的に均した場合、一反の平均収穫量は五、六俵といわれてきた。したがって、五反では上《じょう》で三〇俵ほどになる。

一農家の米の生産量が三〇俵、その半分を都市部に供出すれば、残りは一五俵、つまり六〇斗（六〇〇升・八四〇キログラム）である。そこで、六人家族の農家を例にとって考えた場合、一人三食とも米の飯を食べるとすれば、一日最低五合（約七〇〇グラム）、六人で三升（約四・二キログラム）が必要である。そうすると、六〇〇升は二〇〇日分、ほぼ一年の半分の量にしかならない、ということになる。

六人家族でこの程度であるから、八人、一〇人という大家族もめずらしくなかったかつての農家では、米だけをもってすれば、おそらく一年の三分の一ぐらいの賄い量しか確保できなかった、と想定できる。それに、ハレの日のための米を確保しようとすると、日常の消費量は、さらに制限されることになる。当然、そこでは米のかわりに何かを補充して食べつないでいかなければならなかった。日本の国土は、全人口の全食を賄えるだけの米の生産量、つまり水田面積をもちえなかった。だが、さいわいなことに、一方の畑で、米にかわって主食となりうる麦や雑穀、根菜類をそこそこに生産できた。それに、季節ごとに木の実や山菜など山野からの収穫物にも恵まれていた。そこで、米の足りない分をそうした畑作物や採集物で補うという食べ方の工夫がなされてきたのである。

その代表的な食事が、麦飯、稗飯、粟飯、大根飯などである。これらを総じて「糅飯《かてめし》」という。それを汁で薄めたものが雑炊である。かつての農山村においては、こうした糅飯や雑炊こそが主食だったのだ。時代劇のなかで、「今夜のカテをどこに求めようか」という言葉がでてきたり、テレビ番組のインタビューでも、「この体験をカテにして」という言葉がでてきたりするのも、糅飯が主食の座を占めていた歴史を物語っている。ことに、戦前（第二次大戦前）までは、その伝統がまことに強かった。

このことは、たとえば、『郷土食慣行調査報告書』（中央食糧協会編）に収録されている一九四三年から四四年（昭和一八年から一九年）にかけて行われた全国一円の農山村を対象とした食生活調査の結果からも明らかである。ちなみに、この調査報告は、戦争が世界規模に拡大していくなかで、日本人は外米や小麦などの輸入食料に頼らず、どれだけ自給可能かを講じるための基礎資料となったものである。原初的な食事例を知るには価値がある、といえよう。
そのなかから三例を以下に紹介する。いずれも、各村における当時の平均的で日常的な食事形態である。

〈群馬県利根郡片品村〉（春彼岸―秋収穫）
茶がし（朝五〜六時ごろ）
「やきもち」を二、三個食す
朝食（一〇時ごろ）次のいずれか
「やきもち」（忙しいとき、乃至手のない家が多い）
粟飯（粟七割・米三割）
昼食（午後三時）
粟飯
副食として味噌汁の中に野菜を入れておかずがわりにする。これに通常漬けものを添える
夕食（午後八〜九時）
麦飯（割麦七割、米三割）
折々に「うどん」ただし、これはご馳走の方である

〈埼玉県秩父郡日野澤村〉

朝食（午前五〜六時）

麦飯（米五〜七割、押麦五〜三割）

副食は、味噌汁、漬けもの、おなめ

（煮付けや魚などの料理をなすときは、朝食時にこれを用い、朝食は三食中もっとも好きな食事をとる慣習がある）

小昼《こびる》（午前一〇時、春田植―秋麦播の農繁期）

甘薯または馬鈴薯（家に近い畑以外は、朝に持参する。一人三〜五個の軽い中食）

昼食（午後〇〜一時）

麦飯（朝一緒に炊いたもの）

副食は、漬けもの、朝食の味噌汁の残り

小夕飯《こじゅうはん》（午後三時、小昼と同じ農繁期）

焼餅または甘薯、一人二、三個。これも小昼と同じく軽い中食

夕食（午後七〜八時）

次のいずれか（副食には、漬けものを付けることが多い）

うどん

あげうどん…夏に多い。ただし、これはむしろ良い方の食事
うちこみ…冬に多い。これがうどんの一般例（煮込みうどん）
つみっこ（すいとん）…飯の残ったときによくつくる
焼餅…これには漬けもののほかに味噌汁がつくことが多い
飯…麦飯が多い。漬けもの、味噌汁がつくことがある

〈長野県上水内郡北小川村〉

朝食（午前六〜七時）
麦飯（通常、米二割、大麦八割）
粟飯（右に準ずるも米の割合がやや多い）
副食は、味噌汁、漬けもの

昼食（午後〇〜一時）
朝食と同じ（朝に昼食の分まで炊いてある）
副食は、味噌汁（あらためてつくる）、漬けもの（朝食の残り）

中食（午後五時ごろ、ただし農繁期）
焼餅、乃至せんべい

夕食（午後七時半ごろ、農繁期は午後九～一〇時）
粉食類
（イ）焼餅（小麦、蕎麦、稗、とうもろこし）
せんべい（小麦、蕎麦、稗）
（ロ）うどん（小麦）
麦きり（小麦）
そばきり（蕎麦）
（ハ）うちこみ（小麦）
ほうとう＝すいとん（小麦、蕎麦）

さらに、戦前の食生活の実情にくわしい宮本常一『食生活雑考』[3]（一九七七年）からも事例を引いてみたい。

鹿児島県の奄美大島あたりでは、イモ（サツマイモ）とムギが半々ぐらいの飯を食べていた。奄美大島でも喜界島でも屋久島でも、米飯を食することは、まつりや行事日以外はほとんどなかった。屋久島では、イモを切ってムギの上にのせて炊く。そして、炊けたらイモやムギを混ぜて食べる。それに、カツオの煮汁（カツオと野生の草を煮た汁）をつけあわせて食べた。

大隅半島から熊本県の球磨地方、宮崎県の米良・椎葉地方にかけては、冬期にイモと猪肉が主食だったところもある。肉がない時期には、ヒエとムギの糅飯や、大根の葉を干して細かく刻み、味噌とムギを炊きあわせた雑炊などを主食とした。

四国から中部地方の山地にかけては、サトイモが重要な主食物のひとつであった。ゆでたり焼いたりして食べるだけでなく、練りつぶして餅状にして食べることも多かった。これをかい餅（掻き餅）という。四国の山地などでは、正月に米の餅を搗かず、かい餅を馳走とした、という事例もある。

中国地方の石見や出雲などの山村には、水田所有が少ないところが多く、そうしたところでは、麦飯や稗飯を日常的に食べた。また、広島県の山村では、ムギとダイコンを混ぜて炊いた大根飯をもっともよく食べていたところもある。ただ、こうした糅飯は、冷めるとボロボロして食べにくい。そこで、この地方にかぎったことでもないが、とくに中国地方では湯茶をかけて食べるのが一般的であった。

大根飯が重要な主食物であったところは、かなり広範囲の山村にわたってみられる。富山県から北、秋田県にかけての日本海側一帯もそうであった。

少しかわったところでは、能登半島の鱈飯がある。タラの頭と尻尾をはね、大きな鍋で煮て骨をはずす。それを米飯や麦飯に混ぜる。そのあたりでは、タラの獲れる時期になるとそれを主食にした。

また、中部地方以北の山村では、トチの実を貯えておいて、これを割って身をとり、灰汁で煮てアクを抜き、それを搗いて餅にして、冬期の主食とするところもあった。

こうした事例は、けっして特殊例ではなかった。戦前・戦中を通じて、日本人全体でみると、糅飯や雑炊こそが主食だったのだ。(4) いや、それさえも十分ではなく、時どきに木の実や山の芋類までも主食に準じる食べものとして利用してきたのである。

なお、別の統計によれば、戦後の一〇年間（昭和二一～三〇年）も、国民一人あたり一日に五〇～七〇グラムのオオムギを食べていた、とある。ほぼ三割の麦飯ということになろうか。

米の飯は、あくまでもハレの主食というものであったのだ。ゆえに、これをもって「御飯《ごはん》」といったのである。私たち日本人は、長いあいだ米飯を馳走として求め続けてきたということになる。

とくに、農山村で米飯が日常化して広まったのは、戦時中の配給米制度のおかげであった。昭和一四（一九三九）年公布の「米穀統制配給法」、これが俗にいうところの配給米制度である。その制度下における国民一人あたりの配給量は、当初は一日二合三勺であった。それが戦況の激化にともない軍隊への配給を最優先（増量）したために、一般への配給量は二合一勺、一合八勺と目減りする。しかし、米の総生産量を総人口で均等割りするこの制度は、歴史上画期的なものであった。それによって国民が総力をあげて臨戦体制をつくろうとしたのである。以来、絶対量は依然として不足したものの、ほとんどの国民がほぼ毎日のようにその程度の米を口にするようになったのだ。

ちなみに、現在の国内における米の生産量を総人口で除してみると、国民一人あたりの供給量は、一日ほぼ二〇〇グラム（約一・四合）にすぎない。さいわいにして不足の穀類をほぼ自由に輸入できる状況があるからいいものの、この数値をもってしても、日本人にとっての米は絶対的な主食物ではないのである。

長いあいだ、米は、貴要であり、重重な食料であった。ゆえに、それをチカラ（力）とかトシ（稔）といったごとく、霊力の宿る神聖な食料ともしたのだ。

その米をふんだんに使って、しかも調理の手間をかけてつくった飯と酒と餅は、最上の馳走に相違ない。ゆえに、それを神々に供えたのである。

もちろん、神々といった場合、私たち日本人の意識のなかでは、祖霊が同体化されているはずである。「神さま仏さまご先祖さま」といった三位一体の観念こそが、日本人の宗教観というべきで、それをもって他民族に理解を求めようとすれば、ニッポン教としかいいようのないものではなかろうか。

そして、祖霊崇拝が古来私たち日本人のほとんど絶対的な宗教観であったとすれば、近世においてキリスト教弾圧という宗教騒動が起ったことにも意味がある。すなわち、日本人は、祖霊崇拝を許容する信仰や宗教については友好的であり、そうでないものについては排他的なのである。

そうした精神土壌は、日本にかぎったことではないが、世界のなかでかなり限定される。中国人と韓国人、さらに東南アジアとアフリカの諸民族の一部にしかみられないのである。それは、大ざっぱに特定していえば、稲作農耕の定住生活を基盤とした地域ともいいかえられよう。とくに、東アジアにおいては、古くから稲作が広まっており、そこでは、水田や水利権にほぼ恒久的な利用価値があることから相続権が確立している。そこに、家代々の系譜も発達するし、イネの播種から収穫への推移に人間の誕生から死の一生を投影して、その種の再生観が強まる。そうみるのが妥当であろう。

とくに、日本における祖霊信仰は、まことに根強いものがある。祖霊は、いつも天上界にあって神仏をつなぎ、子孫の暮らしぶりを見守っているとされる。そして、盂蘭盆や正月に代表されるように、まつりや行事のたびに神仏とともに村里に下り、家を訪れてもてなしを受けるわけである。つまり、そこで祖霊と子孫が交流する。と同時に、祖霊を仲介して神仏と人びとが交流する。それが、私たちにおけるまつりや行事の原型なのである。身近なところでいえば、仏事にかぎらず神まつりのときにも仏壇の扉を開けて灯明をともす。そうした習慣を、私たちはいまに伝えているではないか。

さらにいうと、そこに神仏・祖霊と人びとが「相嘗《な》める」宴が発達する。それが、まつりのあとの直会《なおらい》である。また、家庭内の行事であっても、神棚や仏壇に馳走を供えてから、家族で食する。これも、相嘗めの一形態とすべきであろう。すると、そこに供されるものは、当然ながら先祖がもっとも馳走として食したもの、ということになる。その土地を拓いて住みついた先祖たちの労を記念すべく、最上の馳走を用意して供え、そののち神人が共食、あるいは共飲するのである。あらためていうまでもなく、正月の餅、彼岸のぼた餅、盆の素麺など。そこでは、神人が共食とはいいながら、祖霊と子孫たちが相嘗める、とくにその意が強く潜在しているのである。

ゆえに、まつりにおいては、白き艶やかな米からなる飯と酒と餅が、もっとも基本的な神饌として定型化した。また、おかげと称して、それを分けて食べる直会が習慣化したのである。

なかでも酒

なかでも酒が尊ばれた。それは、米だけを原料としてつくる馳走のなかで、もっとも手間がかかっているからにほかならない。もっとも貴重な食材をもっとも手間をかけて調理する。それが最上の馳走ということに相なる。したがって、神々もそれをこよなく愛でたもう、としてきたのだ。

「御神酒あがらぬ神はなし」というではないか。

もちろん、実際は、人びとが酒を尊び、飲みたいとしたからである。だが、まつりは、神々をあがめての祝宴である。まず、馳走は神々に供え、そののち人びとが相伴するのだ。

その酒礼を「直会」とするのだ。いいかえれば、「礼講」とするのである。

天地《あめつち》と久しきまでに萬代《よろずよ》に仕えまつらん黒酒《くろき》白酒《しろき》を

これは、『万葉集』（巻一九）で文室智努真人《ふむやちぬ》がうたった歌である。『万葉集』には、飲酒を楽しむ歌もあるが、このように祭祀にちなんでの供酒の歌が多い。古代から、酒については、カミをもてなす馳走であるという意識が強く潜在していたのである。

そして、しかるべき酒礼をすませたのち、神々に元の神座《かんどころ》へ帰座していただいたところで、人びとだけでの酒宴と相なるのだ。これが、無礼講なのである。この場合、無礼講は、あくまでも二義的なもの。本来、無礼講が単独であるはずがない。礼講があっての無礼講なのである。

神々に供えた酒を下して人びとが相伴する。その酒礼が直会のもっとも簡略にして基本型なのである。

その次第や作法は、必ずしも統一されているわけではない。が、その基本的な次第と作法は、習慣としてほぼ定められている。

一般的には、盃（平盃）がひとつ、上座から下座へと巡る。つまり、上（カミ）から長老、そして下へと巡盃されるのである。

酌人が瓶子を手に酌をする。酒を三度に分けて注ぐ。この三度には、より丁寧に行なうという意味がある。五度でも七度でもよかろうが、それでは手間どることになるので三度にかぎったのであろう。一度目と二度目は瓶子を傾けるだけ。そうしないと酒があふれることにもなりかねない。酒を実際に注ぐのは三度目である。

酒を受けた者は、これを三口で飲み干す。これも一度目と二度目は口をつけるだけ。三度目に飲み干す。これもまた粗相のないように丁寧に行なうという意味がある。そして、これをもっておかげがあった、とするのだ。いわば分配の酒。むろん、酔うための酒ではない。

ちなみに、そのとき、神饌の御飯も下げて、一箸ずつ分配する事例も各地に多い。これを酒の肴とみるかどうかは別として、直会においては、酒と飯が対をなして発達した形跡も認められるのである。

ここまでは、礼講。これをすませて無礼講に移る。日本の酒席は、本来こうした二重構造をもつものなのである。

さて、一つの盃が巡る直会は、式三献の省略したかたちといえる。

式三献とは、「一酒一肴」を三度重ねることである。一酒を三口で飲む。そして、肴を一箸つまむ。それを三度くりかえすと「三三九度」となる。心をただし、粛々と慎重に飲み干す酒礼にほかならない。

もっとも、必ずしも盃の数を三つ合わせる必要もない。一盃でも肴や吸いものをはさんで三口の酒を三度くりかえせばよいのだ。あくまでも三三九度に意味がある、とするのだ。

こうした三三九度の形式は、いつごろから行なわれていたのであろうか。

このことにかぎらず、故事の起源を明らかにすることはむつかしい。もとより、政権の交代や経済の浮沈ほどに明確な記述に示されにくいからである。

そのようすが比較的詳しい文献は、『軍用記』である。江戸期の文献であるが、その記述からして室町期にさかのぼって「出陣の祝い」として主従間で「三献の儀」が執り行われていたことが明らかになる。もちろん、それがはじまりとはいえず、それ以前から特権階級の一部で行なわれていた可能性が多分にある。とくに、宮中儀礼にその祖型があったとみるのが妥当である。が、文献上では確かめるのがむつかしい。『軍用記』でも、「酌の次第、酒ののみやう、流々により相替る間一偏ならず」とことわっており、他でも類似の酒礼が存在することがうかがえるのである。

式三献の当初の事例として、『軍用記』を以下に引用する。

「御酌陪膳」（陪酌人）の作法としては、次のとおり。

酒を盃に入れ様は、そゝと二度入れて三度めには多く入るべし。酒ぎらひなる人には呑み残さぬやうに少しいるべし、いつもそと一度入れたらは、くはへて二度参らすべし、以上三度三盃にて三三九度なり。

肴には、「一に打鮑《うちあわび》、二に勝栗、三に昆布」とある。これは、「うち勝よろこぶ心なり」といい、「かりそめに出陣の時肴組やう」であるという。戦勝を願っての前祝いの縁起かつぎであることは、いうまでもないことである。

肴喰やう先出陣の時は打あわびを取りて左の手に持ち、ほそき方よりふとき方へ口をつけて、ふとき所をすこし喰切りて上の盃をとりあげ、酒を三度入れさせて呑みて、其の盃は打蚫の前辺にも置くべし、さて次にかち栗の真中に有るをとりてくひかぎて、中の盃に酒三度入れさせのみて、其の盃を前の盃の上におくべし、扨次に昆布の有るを取りて、両の端を切りて中をくひ切りて、下の盃にて三度酒を入れさせて呑みて、其の盃を本の所へおくべし。

いうなれば、いささか蛮風の作法である。陣幕の内の「かりそめ」ならいたしかたもあるまい。この時点で、すでにこうした便宜的な作法の変化があった。古くから、時どきの変化が生じていたのだ。しかし、それでも基本的な原則が伝わるのが文化というものなのだろう。

肴の内容は時々にさまざまであっても、また、肴の取り方もさまざまであっても、一盃に一肴の組み合わせをもって一献とするのは、ここでも明らかになる。また、酒の飲み干し方はともかくとしても、酒の注ぎ方は三度に決まっていることも、ここで明らかになるのである。

この式三献・三三九度の酒礼（礼講）は、江戸時代の武家社会に引き継がれる。その過程でも、変化が生じた。江戸期になると、それにふれる文献も多くなり、それにつけて解釈も分かれることになった。

その混乱を整理すべく、故実の考証から冷静な所見を述べたのが伊勢貞丈である。『貞丈雑記』にそれが詳しい。

一こん二こんと云《いう》を、一盃《ハイ》二盃の事と心得たる人、あやまり也、何にても吸物肴などを出だして、盃を出すは一こん也、次に又吸物にても肴にても出して、盃を出す是《これ》二こん也、何こんも如此也《このごとくなり》、一こん終れば、其度ごとに銚子を入れて、一献毎に銚子《テウシ》をあらためて出す也、何こんも此通り也。

「古祝儀には必ず式三献」、と念をおしているのである。そして、一酒一肴（酒肴）の組み合わせを三回改めて出すことを正式な「献立」とするのである。

そのとき、肴はとくに定めないが、酒だけでは用をなさないのである。このことは、前代の『軍用記』でもそうであったし、後代の神前結婚式にも伝わってきたことである。結婚式では、たとえば、昆布・するめ・梅干などの三品が三つ重ねの盃とともに供されてきた。が、三三九度の盃事は重視されるが、三品の肴はさほどではない。これを持ち帰る人も少なくないし、やがてそこに供することを省く式場まで出てくるご時勢である。酒肴の肴が形骸化する傾向にある現状なのだが、じつは江戸期にもそうであったのだ。ゆえに、貞丈は、当世の風潮を「あやまり也」と厳しく問いただしているのである。

それでも、時流というのはおそろしい。式三献の一方の要素（盃事）だけが重用されるようになるのである。もっとも、それはそれで文化変容として認めざるをえないだろう。また、その結果、簡略化した作法が普及してもうひとつの伝統となることも認めなくてはならないことである。

今時世間のならはしに、祝儀の時は必ず盃事と名づけて、盃を取りかはさねば叶はざる事とする也、古は此事なし。

ここにいたって、つまり江戸中期のころより、「盃事」が式三献から分離するかたちで行なわれるようになったのである。いいかえれば、貴族社会から武家社会と伝えてきた式三献が、近世の庶民社会で単独の盃事に変容して広く普及することになったのである。

盃事には、女夫《みょうと》盃・親子盃・兄弟（姉妹）盃・襲名盃などがある。現在では、神前結婚式におけるそれが一般的に伝わる。そして、そのほかは、一部の特殊社会においてだけ伝承をみる。が、かつては、親子盃や兄弟盃が広く存在した。いわゆる固めの盃。それによって、擬制的な親子関係、兄弟（姉妹）関係を結んだのだ。擬制的な親子関係では、扶養と労働の交換という義務が生じたが、義兄弟の場合は、精神的な相互扶助の意が強かった。それは、家族や兄弟の少ない者が孤立しないようにはかる制度だったのである。

固めの盃は、酒を三口で飲み、肴を嚙む。そして、相手に渡す。相手も同様の作法で酒を呑み、肴を嚙む。そして、盃を相手に返す。これを三度くりかえすのである。

三口三度は、念には念を入れて固める、という意味がある。一の盃は、自分を確かめ覚悟をもって飲み干す。二の盃は、相手の気持ちを確認の意を示して飲み干す。三の盃は、神明に誓って飲み干す。それで約束ごとが固まった、とする。きわめて日本的な契約儀礼にほかならないのである。

そして、盃事が納まると、その盃を当人が持ち帰った。つまり、盃は証文にも等しいのだ。ここでの清酒は、いわばカミとヒト、ヒトとヒトをつなぐ「誓酒」ともいうべきものなのである。

なお、こうした盃事を進行するには、媒酌人の役割が大きい。媒酌人は、仲人と混同されもするが、役割が別である。酌人をつとめる媒酌人は、契約儀礼の立会人であり、見届け人であるのだ。ゆえに、もっとも信用のある人がつとめるのが常であった。

これほど形式ばった酒礼を発達させているのは、世界でも日本ならではのこと。それは、酒こそが米の霊力をもっとも凝縮した神饌とみなされてきたからだろう。

ちなみに、「さけ」は、サ（斎らかなという意の接頭語）＋ケ（食事の意の饌）と解釈することもできる。なお、サを接頭語とする類似例としては、サナエ（早苗）、サオトメ（早乙女）、サヤマ（斎山）などがある。清浄なこと、無垢なことの意で共通するのだ。いずれにしても、米に対しての侵しがたい民族の思いがここにある、というしかあるまい。

おわりに

日本において、米の神聖性がなぜこれほどに強く伝承されたのか。もちろん、理由をひとつに集約することはできない。が、大別して、二通りの理由があげられるだろう。

そのひとつは、稲作は、その発生の地がどこであれ、また籾種がいかなるものであれ、南方からの伝来農業であることがあげられる。

大ざっぱにいうと、亜熱帯のモンスーン気候の適作物なのである。それが、日本列島にも伝わった。そのところで、日本列島の大方のところは、夏場にかぎっては稲作を受け入れることができた。が、日本列島の夏は短く、しばしば冷夏にもみまわれることがある。とくに、東北日本では、稲作の適作地とはいえないところがある。稲作の導入には、品種改良をともなう相応の手間と努力が必要だったのである。

その結果、日本列島のほぼ全域に稲作が定着したのだ。しかし、西日本各地では渇水で、東日本各地では冷害で、しばしば減収を余儀なくされた。しかも、豊作であっても、年に一度の収穫しか望めなかった。それゆえに、人びとの執着が強まった、といえるのではあるまいか。その意味では、日本列島は、稲作の北限地なのである。もっとも、韓半島（朝鮮半島）もほぼ同様の地理にあり、そのところでは、米に対する価値観も韓国との対比で考えなくてはならない。

もうひとつは、「白」に対する神聖性にも注目しておかなくてはならないだろう。このことも、ひとり日本にかぎって語るわけにはいかないが、とくに日本では白を清浄な色とみなしてきた。

現在に伝わる神事でみても、白い紙が多用される。たとえば、御幣《ごへい》は、白紙でほぼ統一されている。蓋《かい》(仏教では天蓋)も白紙を四方に貼りめぐらせている。ゆえに、これを白蓋《びゃっかい》ともいう。神道学でも民俗学でも、幣や蓋の切り方を分類して意味づけようとする傾向がみられるが、それは造形上のことで、本意は白にあるのだ。

もっとも、白紙の使用を古くさかのぼるには限度がある。たとえば、『古事記』では、「白和幣《しろにぎて》」。コウゾの繊維とみるか、それを縒った糸とみるか、いずれにしても、紙漉きの技術が未発達な時代には、それが白の表徴であった。やがて、白紙が出現すると、それに変わった。紙を切り刻むのも、元の和幣が繊維であるとすれば、それにしたがった、とみるのがよい。吉兆の模様を刻むようになったのは、さらに後の造形化である。

なお、現在でも神事における御幣にはアサの繊維が掛かっている。これは、『古事記』における「青和幣《あおにぎて》」である。

いずれにしても、『古事記』の時代から、純白ではなかっただろうが白に対する意識があった。すでに、色のなかでの上位観念を強めていた。その白が、さらに身近なところで認識されるようになったのが米である、とみてもよかろう。

オシラの信仰を説いたのは、宮田登である。(5) 東北地方に分布をみるオシラさま、北陸地方に分布をみる白山信仰など、白の神秘性と神聖性に言及している。一方で、白＝シラは、朝鮮語のシーラが語源であり、半島から伝わった観念であろう、とする説もある。

ということで、白に対する観念も単純に解析できるものではないが、「白無垢」とか「浄衣《じょうえ》」という言葉も伝わるように、私たち日本人は、白をして清浄な色という認識を共有していることは事実である。

白い米、そして白い酒と餅。さらに、白い紙。それは、カミを拝し、カミをもてなすにはもっともふさわしいものだったのである。

註

（1）ここに挙げた加藤秀俊編『コメとアジアのひとびと』（二〇〇三年、中部高等学術研究所）では、七人の研究者が、それぞれのフィールドでひとりのキャリア農民を定めてライフヒストリーの聞きとりを行った報告が収められている。編者（加藤秀俊）は、「序論」で行事食（赤飯やすしなど）に共通点がままみられることに注目して、「かりにこの七人の稲作農民たちが訪問し合い、信仰やしきたりをくらべたならば、多くの類似性を発見しておどろくにちがいない」と結んでいる。

（2）たとえば、出雲路通次郎『神祇と祭祀』（一九四二年、桜橘書院＝一九八八年、臨川書店より復刻）では、「春日祭」の神饌をとりあげ、「糯米、粳米、小豆、大豆は何れも蒸してあり、魚介、海藻の類は、或は細く切り、或は輪切りにしてあって何れも古風な調理神饌である」とする。
（3）宮本常一には、潮田鉄雄と共著の『食生活の構造』（一九七八年、柴田書店）もあり、そこでも同類の報告がなされている。
（4）渋沢敬三編『明治文化史　第十二巻　生活編』（一九五四年、東洋文庫＝一九七九年、原書房より復刻）では、「国民食物混合割合年次表」をとりあげている。そのうち、たとえば明治一九（一八八六）年では、米（五一パーセント）、麦（二八パーセント）、雑穀（一三パーセント）、甘藷（五パーセント）、其他（三パーセント）である。そして、幕末以降「雑穀の割合が漸次減少していきつつある傾向にあった」が、「大勢に大きな変化があったとは思われない」とある。
（5）『原初的思考』（一九七四年、大和書房）を『白のフォークロア—原初的思考』（一九九四年、平凡社ライブラリー）で復刻。

関連文献

神崎宣武『三々九度—日本的契約の民俗誌』（二〇〇一年、岩波書店）
神崎宣武『「まつり」の食文化』（二〇〇五年、角川選書）
神崎宣武編『乾杯の文化史』（二〇〇七年、ドメス出版）

コラム 1

中世にみる米と肉

原田信男

中世という時代

日本の中世は、国家支配が成立をみた古代とそのシステムが完成をみた近世との間に挟まれた時代で、古代と近世とが統一集権的な政治システムを有したのに対して、地方分権的な性格の濃い社会であった。すなわち中世前期においては、公地公民制という律令制的土地所有と私的大土地所有である荘園制とが併存し、律令法以外にも荘園法という二重の規範が存在していた。また、その後期においては、守護大名や戦国大名がいわゆる大名領国制を敷き、それがやがては分国法を有するに至るなど、統一的な確固たる政治体系が存続していたわけではなかった。

これを極めて大雑把な概念規定によってまとめてみると、政治的には権門体制という支配様式が採られ、経済的には荘園公領制という社会システムが、中世社会の根幹をなしていたことになる。すなわち公家・武家・寺社家が、それぞれ国家儀式・軍事警察・宗教行事を役割として分担すると同時に、それぞれが相互補完的に政治体制を支えていたが、そのなかでも武家が突出してくる時代であったと評することができる。また経済的には、上級武家を支える武士たちが、荘園や国衙領などの単位で、在地領主制という地域支配を行うとともに、それらを統轄する形で、公家・武家・寺社家が頂点に位置したことになる。

それゆえ中世とは、各地に独自な政権が存在し得たわけで、ある意味では、さまざまな価値観がぶつかり合っていた時代ともみなすことができる。しかし、地方分権的とはいえ、中世日本において国家そのものが分裂していたと見なすことはできず、またいくつかの紆余曲折はあったと考えられるものの、社会的価値観の方向性という点では一貫性が見られる。すなわち米への固執と肉の排除であったが、それはかなりの長い時間をかけて徐々に進行していった。むしろ中世という時代を通じて、聖なる米と穢れた肉という対抗関係が続き、最終的には前者が後者を圧倒することになったと考えてよいだろう。

東南アジアの稲作と日本の特殊性

東南アジアの稲作地帯では、米と肉は矛盾なく共存している。米は湿潤温暖な気候を好むため、かなりの水を必要とする。水田には水が湛えられるほか、斜面の焼畑稲作地帯でも雨季に降る膨大な水が重要で、谷間の低地には必ずといってよいほど河川や湖沼が存在する。そして、そこには魚がおり、これらは米とセットになって、稲作地帯の食生活の基本をなしてきた。

さらに一時期に大量に確保された魚類は、これを塩に漬け込み発酵させることで、魚醬という旨味調味料を創り出し、これを用いた味付けが調理の主流となっている。この魚醤が、大豆の発祥地と考えられている中国の江南を通過する時に、おそらく魚の代わりに大豆を用いた穀醤を創り出し、これが東アジア世界では、魚醤とともに広く用いられる調味料となった。中国および朝鮮半島では、穀醤・魚醤は盛んに用いられ、例えば朝鮮半島のキムチ作りには、ジョッカルという魚醤が重要な役割を果たしている。ただ日本では、すでに古代に魚醤から穀醤への転換が進んだが、それでも能登半島のイシルや秋田のショッツルなどとして、今日にも伝存している。

すなわち東南アジアの稲作社会では、米と魚が主要な食料となるが、他にも重要な動物タンパク源が存在した。それはブタで、水田稲作の傍らでも、容易に飼える動物であった。中国などの供犠には、ブタが用いられることが少なくなく、ブタの肉を一緒に炊き込んだブタ飯は、重要な儀礼食の一つでもある。ところが日本の稲作社会では、このブタが欠落するという極めて珍しい現象が見られる。その意味で、日本の米文化は、かなり異様な側面を有していることになる。

近年の動物考古学の成果によれば、日本の弥生時代にもブタが飼育されていたと考えられており、弥生遺跡からはイノシシならぬブタの遺骨が少なからず出土している。つまり水田稲作の受容に伴い、おそらくはブタの飼育法も移入されたものと思われる。弥生人は水田稲作を行い、魚とともにブタも食用に供していたものと思われるが、ある時期から、肉食の禁忌が災いを避けるための条件となった。『魏志倭人伝』には、倭人は物忌みや潔斎などの際に、肉を遠ざける旨の記述がある。

こうした傾向は、古墳時代以降により一般に浸透したものと思われ、ブタの骨の出土例が減少することが指摘されている。いずれにしても水田稲作を行いながら簡単に飼育しうるブタの食用が徐々に減少していったことが窺われる。しかし全くなくなったのではなく、大化前代の官制においては、猪飼部といった部民制度が見受けられ、猪飼野という地名などが残存するところから、政治システムの一部においてもブタの飼育が、依然として行われていたことには注目に値しよう。

古代における米の推進と肉の否定

文献史料において、肉食の否定が明確になるのは、古代律令国家の下でのことであった。天武天皇四（六七五）年、いわゆる肉食禁止の詔が出され、ウシ・ウマ・イヌ・ニワトリ・サルについては、四月から九月までの間、殺したり食べたりしてはならない旨が命じられている。しかし日本人が最も食してきた動物とは、シカとイノシシであった。ニクは肉の音読みであり、その訓はシシであることに留意すれば、このことは即座に了解されようが、これらを含まないこの法令を、厳密には肉食禁止令と呼ぶことには無理がある。

ウシやウマは物資の運搬や労働力として重要な意義を持ち、イヌとニワトリは身近な家畜である。またサルは、人間に最も近い動物で、狩人たちもサルを撃つことには抵抗感があるという。いずれも食用とは縁遠い動物たちである。さらに禁止期間が四月〜九月というのも注目すべき点で、これは水田稲作の農耕期間にあたる。また、この詔と同時に、天武天皇は、今後、風害から稲を守るための龍田風神と、農業用水を司る広瀬水神の祭祀を毎年行わせるように命じている。

さらに、この詔の二年前には、農作の時は田作りに精を出し、「美物」（肉を含む料理）と酒を慎めとしており、その一六年後にも、長雨が続いたため、役人に「酒宍」を断たせて、僧侶に経を読むよう命じている。そうすることで、雨が止み稲が実ると信じられていたことが窺われる。したがって天武天皇四年の詔は、肉食禁止令というよりは、正確には殺生禁断令とすべきもので、動物の殺生を戒めることで、水田稲作が円滑に推進されることを目的としたものであった。

古代律令国家は、班田収受法を採用して、畠地を顧みず水田のみを租税の対象とする政策を採り、米をその社会的生産基盤に据えようとした。それゆえ百万町歩水田開墾計画を立てたり、三世一身の法や墾田永世私財法を定めて、米中心の社会を創り出そうとしたのである。そして国家の頂点に立つ天皇は、最高の稲作祭祀者として、米を天界から地上界へ伝えた天照大神を皇祖神とし、その神に感謝して米の豊作祈願ための新嘗祭を毎年執り行う存在となり、米は聖なる食べ物と位置づけられたのである。

これに対して肉は、稲作の障害となると見なされたところから、穢れた存在として、次第に否定の対象とされていった。もちろん肉食そのものを否定する法令は存在しないことから、古代においても実際には肉食が広く行われていた。しかし肉食が穢れを惹き起こすとされたことも事実で、役人であれば宮中への参内にあたっては肉食を禁じ、一般の人々も神社に参詣する場合には、一定期間のみ肉食を行わなかったのである。ただ、それ以外の場では、役所でも肉が食べられており、『延喜式』からは、肉醤も用いられていたことが知られる。こうして古代律令国家は、表向きは肉を禁じたが、その背景には、水田稲作の推進という事情があり、聖なる米と穢れた肉という図式が成立をみたことになる。

中世における米と肉の相克

聖なる米による穢れた肉の否定は、中世という長い時代を通じて、徐々に社会的に浸透をみた。藤原定家の『明月記』には、武士たちが盛んに肉食をしている旨が記されているほか、貴族にも肉を食べる者がいるとしているが、それらは基本的に卑しいことと見なしている。もちろん例外はあるが、荘園領主である貴族や僧侶は、年貢としての米が入手可能なことから、米を好んで肉を嫌うという傾向が強い。一般に、上層階級ほど米を食べ、下層階級ほど肉を食用とせざるを得ない状況にあった。

中世を通じて、水田開発は進行していったと考えられるが、凶作や飢饉も珍しくなかった。米の生産のためには、旱害や水害に強く早熟で少肥性に優れた赤米（占城米・大唐米・唐法師）が導入され栽培が行われた。しかし、これらは年貢米とはされず、白米のみが上納され、赤米は農民の食用とされた。また荘園領主や在地領主たちは、長距離用水路を開削したりして、農業生産力の拡大を図ったが、農民たちの多くは、畠作物にたよったり、山野河海からの動植物などを食料とすることも少なくなかったのである。

鎌倉期には、米を収奪する立場にある荘園領主たちは、南都仏教や天台・真言の旧仏教にたよったが、逆の立場にある農民は、法然や親鸞たちが主導した新仏教に帰依するようになった。法然は、信者の肉を食べることは悪いことか、という問いに対して、仕方がないことだと答えている。また親鸞の浄土真宗門徒には、商売や狩猟など水田稲作以外に従事する者が多く、弟子の唯円が語った悪人正機説は、やむを得ず殺生を続ける猟師たちこそ成仏できるという思想で貫かれている。聖なる米と穢れた肉は、そのまま支配者と被支配者との食生活を象徴するものでもあった。

肉による穢れ意識は、中世において著しく社会的に浸透をみた。もちろん穢れは、肉食のみではなく、死や産などにも関わるものであるが、古代とは較べものにならないほど忌み嫌われるようになった。中世には、神社などで物忌令と呼ばれる規定が定められるようになる。例えば肉食の場合には、シカ肉を食べれば一〇〇日間穢れるというもので、この間は神社に参詣してはならないとされる。しかも、この穢れは伝染するものと考えられ、Aがシカ肉を食べれば、もちろん一〇〇日間穢れるが、その友人Bが穢れている間に同じ火で調理したものを食べたとすれば、Bは二一日間の穢れとされる。さらにAとは全く無関係なCが、Bの穢れ中に同じく一緒に食事したとなると、Cまでもが七日間穢れることになる。

先にも述べたように古代にも穢れは意識されていたが、『延喜式』ではシカ肉食は三日間の穢れに過ぎなかった。それが中世には一〇〇日にまで拡大したばかりでなく、人間にまで穢れが伝染すると見なされたことは、食肉に対する忌避が急速に進行したという事情を、如実に物語るものといえよう。いずれにしても中世という時代を通じて、聖なる米が穢れた肉を駆逐していくという事実が見られる。中世には、水田の量的拡大も見られたが、同時に稲作技術も進歩して、質的向上が著しかったと考えられている。これに対して、肉を得るための狩猟は、次第に衰退の一歩をたどり、社会的な規模における食肉の禁忌意識が高まっていったのである。

近世における米社会の成立

古代律令国家が目指した米を社会の生産的基盤とする理想は、さまざまな価値観が混在した中世社会をくぐり抜けることで、近世幕藩体制によって実現をみた。織田信長の後を承けて天下統一を実現した豊臣秀吉は、いわゆる太閤検地政策を実施して、兵農分離による武士と農民の棲み分けに成功した。つまり政治の支配拠点である都市＝城下町には武士が住み、農業生産の現場である各地の村々は農民だけが暮らす政治的行政村となった。検地実施によって、村々の生産力を把握し、水田のみならず畠地も屋敷も、米を基準とした石高で表示されるようになり、すべてが米の見積生産力に置き換えられた。

そして、この石高を基準に原則として米による年貢の納入が義務づけられた。村高のみならず、大名の経済力も、すべて米の計量単位である石高に換算されるようになった。いわゆる石高制という経済システムが完成をみたが、ある意味で、これは古代国家の理想実現と言っても過言ではあるまい。秀吉の死後、覇権を握った徳川家康は、政治的には幕藩体制という幕府と藩による支配システムを構築して、安定的な国家体制を築き上げたが、その経済的基盤となったのが、まさしく聖なる米であった。

幕府は、強大な権力を背景に、新田開発政策を実施し、大規模な開発事業を行っていった。水田と畠地が拮抗していたと考えられる中世とは異なって、近世中期には水田が畠地を上回るようになった。中世で大きな役割を果たした赤米は、一七世紀頃には、かなりの程度に駆逐され、水田生産力は中世にも増して向上した。近世の終末期には、かつて稲作を伝えてくれた朝鮮半島よりも栽培技術が優れ、播種量は同時期の朝鮮よりもはるかに少なくても済むような状況にあった。その背景には、村々の農民たちが、稲作を中心とした農業技術の向上に努力し、その土地土地に応じた農業生産の在り方を研究して、膨大な農書を残すなど、村レベルで熱心に米作りに励んだという事実がある。

このため肉食に対する禁忌は最高潮に達し、村々では肉を食べると、目が見えなくなる、口が曲がるなどという迷信が広まっていた。また動物の処理に関わる人々を穢多として差別するような理不尽な身分制度が厳しくなっていった。代わりに米は、仏舎利にたとえられるほど、人々の間で重視されていき、米の飯が何よりの御馳走とされるようになったのである。中世とは、こうした米社会を準備する長い期間だったともいえよう。

コラム 2

中世に描かれた米文化

木村 栄美

はじめに

日本人にとって、米は古来より信仰の対象として、政治的手段として、さらには日常茶飯というように食生活の中で欠かすことのできない重要な食物として今日まで用いられてきた。日常茶飯という語がいつから言われるようになったのかは明らかではない。九世紀中頃、天台宗の僧円仁（七九四～八六四）が著した『入唐求法巡礼行記』には、晩唐期当時の社会風習、仏教の様子等について記している中で、寺院等で飯茶や茶飯が出されていたことを書き留めており、茶や飯が食事形態の中に組み込まれていたことが窺える。また、中世の禅僧の日記等には「茶飯」が頻繁に用いられ、十七世紀初に成立した『日葡辞書』には「茶飯」は、なくてはならない意の単語として採り上げられている。このことから寺院を中心に日常の食生活の中で、茶とともに飯は欠かせないものとなっていたのであろう。

本コラムでは、中世の食事風景を描いた代表的な絵画資料を紹介しながら、公家、武家、寺院、庶民の飯が食事の中でどのような位置付けにあったのか、食べる側の視点から日本人の米への意識を探ってみたい。ただ、絵画に描かれた飯が必ずしも米とは限らないことを予めお断りしておく。

公武における飯料理

飯といえばまず思い浮かぶのが、悲運の貴公子として知られる有間皇子（六四〇～六五八）の詠じた詩歌である。

家にあれば　笥《け》に盛る飯《いひ》を草枕
旅にしあれば　椎《しい》の葉に盛る

である。この歌は、有間皇子が謀反のかどで斉明天皇の湯治先紀温泉《きのゆ》（現在の和歌山県白浜町湯崎）へ護送される途中に詠じたとされている。間もなく彼は絞殺されその命は露と消える。この歌にはさまざまな解釈がなされているが、最も有力なのは旅先の不自由を詠じているとする説と、死の旅路への覚悟とまだ捨てきれぬ野望のために、一縷の望みを神に託して飯を供える神饌《しんせん》説である。この歌の重要な点は飯を家では笥という食器に盛るのに対して、旅先では椎の葉に盛るという部分である。死を目前にしてもまず飯を採り上げる――この歌からは飯が日常の食生活の中で欠かすことのできない重要な食物である一方、旅という非日常的な生活においても欠かせない食料であったことを窺わせている。ましてこの時の有間皇子の境遇から推測すると、生きる糧《かて》という現実と供物という非現実の対比が飯に込められていたのではないか。

有間皇子の一種神聖的な歌に対して、山上憶良（六六〇～七三三）は「かまどには　火気吹き立てず　甑《こしき》には　蜘蛛の巣かきて　飯炊くことも忘れて」と詠じていることから、下級官僚の貧困という現実的な実情が窺える。ここでは甑を用いてかまどで飯を炊くことがわかるが、それが粳米《うるち》か糯米《もちごめ》か、あるいはムギか粟か稗《ひえ》か、どういう飯であったのかは明らかではない。

公家はどのような飯を食べていたのか。ハレの場では、甑で蒸す強飯《こわめし》を正式の主食としていた。強飯は今日のおこわの原点とされている。一二世紀後半に成立した「年中行事絵巻」『類聚雑要抄《るいじゅうざつようしょう》』から大饗と称された宮中饗宴の食事の様相が窺える。ここでは饗宴における膳が具体的にどのようなものであったのかは、数々の研究があり特に述べない。本テーマの飯だけに焦点を当てれば、例えば「年中行事絵巻」巻六の、正月二日中宮の饗を受ける場面において、台盤と称する朱塗りのテーブルのような台の上に、飯を中心とした料理が描かれている。飯は高盛《たかもり》と称し、かなり高く末広がりの細長く美しい円錐形に盛られている点が特徴となっている。これは全て食べる訳ではない。この飯の周りには五種類くらいかの小皿が描かれているが、『類聚雑要抄』には饗宴における配膳についての具体的な図が描かれ、飯の周囲には酒・酢・塩・醤といった調味料、あるいは海月《くらげ》、老海鼠《ほや》等海草類や貝類といった食物が添えられている。料理には素材そのものの味以外ほとんどないため、料理の味に変化をつけるよう調味料や付けあわせが添えられたのであろう。調味料が加えられていないということは料理や飯そのものの本来の味を知ることができる。しかし、こうした高盛飯はあまり箸をつけているようには見えない。正月十八日に行われる賭弓《のりゆみ》(1)の場面では、白木に胴の付いた衝重《ついがさね》と称する膳の上に、高盛飯が二椀用意されているのが一際目を引く。

ハレの食事に対して、公家の日常的な食事はどのようなものであったのか。一例として『今昔物語集』の「三条中納言、水飯を食ひたる語」の内容を見ておきたい。ここではダイエットを試みるも成功しない公家の姿が描かれている(2)。

三条中納言とは藤原朝成《あさひら》（?〜九七四）という人物である。彼の父、藤原定方（八七三〜九三二）は歌人で、百人一首に選ばれている「名にしおはば逢坂山のさねかづら人にしられでくるよしもがな」を詠じたことでも知られている。朝成は学識、芸事に優れ、人物としても申し分なかったが、肥満で体をもてあましていた。医師の和気《わけ》氏にダイエットの方法を尋ね、冬は湯漬《ゆづけ》、夏は水飯を食すように、との忠告に従いダイエットを始めるが、効果は現れない。再度和気氏に助言を求めたところ、和気氏は朝成の食事を観察した。時期は六月、朝成は医師の忠告に従い夏は水飯を食してはいた。しかし、常日頃豪勢な食事を食べ慣れていたためであろう。水飯だけでは物足りず、副食に白い干し瓜三寸のものを十切れ、鮎鮨三十ばかりを侍に持ってこさせている。また、朝成は早食い大食いで、その食べっぷりを見ていた和気氏はあきれて立ち去り、その有様を人々に語り伝え笑いの種とした。朝成はますます肥えて相撲取りのようになった、と記している。この逸話では、公家の食事の給仕をするのが侍である点や、金銀の食器を用いている点も注目され、公家の日常的な食事の様相がかいま見られる。水飯は飯に水をかけた水茶漬けである。公家は常日頃水分の多いやわらかい飯ではなく、固めの飯を食していたのであろう。茶漬けはお腹も膨れ消化も良い。飯に水をかけて食べることは『源氏物語』の「常夏」にも記されており、ダイエット用だけではなく暑い夏に食欲をそそる工夫が当時されていたのであろう。また、朝成は鮨鮎を飯とともに食している。『源氏物語』にも鮨ではないが飯に鮎を供しており、[3] 夏に鮎という季節感も窺えると同時に、飯と魚という組み合わせは日常的な食スタイルだったのであろう。しかし、腹八分目とはいうが古今これに我慢できない人はやはり肥満は解消できない。贅沢な食事のために肥満に苦しみ、ダイエットを試みる貴族の姿は現代と変わらない。

一方武家における飯の様相はどのようなものであったのか。一条兼良（一四〇三～一四八一）が著したと伝えられている『酒飯論《しゅはんろん》』は、酒の徳を称える造酒正《みきのかみ》糟屋朝臣長持《かすやあそんながもち》と飯の徳を称える飯《いい》室律師《むろりつし》好飯《こうはん》という人物の酒と飯の議論に、中戸の中左衛門大夫中原仲成が仲裁して修める物語構成で、こうした作品は他に蘭叔《らんしゅく》玄秀《げんじゅ》（?～一五八〇）が著した『酒茶論《しゅちゃろん》』がある。[4] また近世に入ると『酒餅論《しゅへいろん》』といった作品も成立している。

ところで、これらの作品は酒といった嗜好品に対して、飯、茶、餅で議論している点が面白い。古来より酒はハレの場において重要な位置を占める飲料であるが、中世においては茶も饗宴の場において重要な飲料となり、酒と同格に扱われている。しかも、対抗する酒はその原料を米とし、対する飯、餅はさまざまな食事の中で主食となる食物である。これに対して茶は主食ではなく酒と同様嗜好品となるにも関わらず、飯、餅と肩を並べる重要な位置付けにある。

「酒飯論絵巻」[5] では酒の中戸は武家、下戸は僧侶、そして上戸は僧俗間におけるそれぞれの饗宴風景を描き、飯は中戸、下戸に描かれ、上戸の酒宴の場面ではただただ酒が出、僧も武家も酒を飲み乱舞している光景の中に飯は描かれていない。しかし本文中には酒を飲み過ぎて不覚になった際、その酔いを醒ますための一つに粟粥が挙げられている。

中世の、特に料理に関する絵画資料の特徴は、饗宴風景のみでなくいずれも給仕人たちがかいがいしく料理を準備している厨房の場面が設定されている点である。武家の饗宴風景を描いた中戸は、主人の饗宴の場、その隣の室で酒あるいは果物等を用意する場、そして料理を用意する厨房、という三つの場面で構成されている。饗宴の場では、主人・客ともに折敷《おしき》と呼ばれる膳が一之膳、二之膳と二枚出され、主人の奥方らしき夫人が酒を手に控えている。一之膳には朱の椀に飯、汁物、小鉢、向付、さらには青磁かと思う器が並べられ、饗宴料理の基本となる一汁三菜らしき形態をとっている。この場面に描かれている飯は山盛りではなく、後述する下戸の高盛飯とは異なっている。また一人の武士が飯に汁らしきものをかけているようにみえる。飯に汁をかけて食べることは猫飯といって嫌う人もいるが、古来よりこうした食べ方は公家の間で行われている。保元の乱で勢力争いに敗れ去った藤原頼長（一一二〇～五六）が著した『台記』には、保延二年（一一三六）十月十六日右近衛大将に着任した初日における饗応の中で「次人々飯を汁につけて食、次飲湯」と書き記されていることから、おそらく飯は硬めに炊き、それに汁をつけてたべることはむしろ、正式な食べ方ではなかったかと推測される。一方厨房では、鳥、魚を捌く様相も描かれ、これから調理されて膳に出されるのであろう。

図1　『後三年合戦絵巻』（小松茂美『日本の絵巻』14、中央公論社、1988）東京国立博物館所蔵（重文）
Image: TNM Image Archives　Source: http://TnmArchives.jp/

武家は戦に赴くが、合戦場においての食事はどのようなものであったのか。一四世紀中ごろに成立した「後三年合戦絵巻」は、奥州清原氏の内紛に源義家（一〇三九～一一〇六）が介入して鎮定した様相を描いている。「腹が減っては戦はできぬ」との諺どおり、合戦の場でも当然食事が用意されており、絵巻の上巻には義家の陣において苦戦の義家のために馳せ参じた舎弟源義光（一〇四五～一一二七）が義家と対面している場面（図1）に、高杯の膳を用い、その真中に高盛飯、その周囲には付け合わせとして、鮎を塩漬けにし重石で押した押鮎かと思われる食べ物を載せた皿等六種類以上は並べられている。この図には戦場にもかかわらず、大将の舎弟を歓迎するための料理か、陣の外では魚や鳥をさばく風景も描かれている。また激しい合戦の最中にもかかわらず、衝重といった膳の真中に高盛飯、その周囲にはやはり押鮎等の加工された料理を並べて食事をしている風景も描かれている。合戦の合間も縁起を担いでいるのか、あるいは精力を付けるためか、飯を中心とした食事を取っていたことが窺える。こうした食形態はもう少し詳細に分析する必要はあるが、「年中行事絵巻」や『類聚雑要抄』

の公家の饗宴における膳とあまり変わらず、武家といえどもまだ公家風を理想としていたのであろう。しかし、飯の盛り方は公家が美しい末広がりの円錐形の高盛であったのに対して、この絵巻では大きな丸い山形に盛られ、箸をつけているのかいないのか分からないが、飯の一部はえぐられた格好になっている点が目を引く。

寺院における飯料理

日本人にとって米は神仏への供物という意識が強い。十五世紀頃に成立した「慕帰絵詞《ぼきえことば》」には、阿弥陀仏への供物が描かれており、その中でも一際大きい円錐形の白いものがある。断言はできないがその形態から、おそらくこれは飯ではないかと推測される。同じく中世に成立した「泣不動縁《なきふどうえん》起絵巻《ぎえまき》」には、かの有名な陰陽師安部清明（九二一～一〇〇五）が描かれている。「泣不動縁起絵巻」は、三井寺にまつわる不動明王の身代わり霊験記で、清明は重い病を得た三井寺の僧智興の病気平癒のため、泰山府君に祈祷する。その清明が祈祷をしている場面では、祭壇の上に卵形をした高盛の供物が描かれており、それもおそらく飯であろう。

一方で中世における寺院は料理の宝庫である。特に禅院の影響は著しい。後世禅院が精進料理、喫茶に大きな影響を与えたといわれるその要因は、正式な国交のなかった宋、元、明との外交的役割を果たしたのが禅僧であり、中国における風習をいち早く受容したからであろう。禅院における食事の重要性については、日本曹洞宗の開祖道元（一二〇〇～一二五三）の「赴粥飯法《ふしゅくはんぽう》」(6)に触れないわけにはいかないが、それは別の機会にしたい。

「慕帰絵詞」は親鸞の曾孫、本願寺三世覚如《かくにょ》（一二七〇～一三五一）の一生を描いた作品で、寺院の日常生活、饗宴、遊宴における食事や、さらには中世に普及した喫茶文化の様相をもっともよく描いている絵画資料としても有名である。第二巻には覚如が師の浄珍の稚児として入来する場が描かれており、饗応の膳が振舞われている。主の前には二枚の衝重が置かれている。一枚の衝重には飯と思われる器を中心に一汁三菜らしき料理が並び、もう一枚の衝重には二枚の皿が並んでいる。ここに描かれている飯は、山盛りではなく適量に盛られており、食べきるための飯であろう。給仕の僧がさらに衝重を運んでいる。厨房では食事を用意する下働きの僧が飯をかき込む姿もあり、饗応における厨房のせわしさをリアルに描いている。この厨房には、山盛りの飯らしきもの以外に麺類と思しき食物も描かれ、飯にも麺にも箸がつきたてられている点が注目される（図2）。

図2　『慕帰絵詞』（小松茂美『続日本の絵巻』9、中央公論社、1990）

「慕帰絵詞」の中で最も有名な場面は、第五巻の連歌の会の部分で、ここはまだ料理を出す以前と推測され、厨房では料理の準備に余念がない。遊宴の場と厨房の間には大きな風炉に釜がかけられており、給仕の僧は点心と思われる食物を山盛りに積んだ盆を運ぶ。点心とは本来、正式な食事の合間にとる軽い食事の意であったが、次第に饗応の食形態に組み込まれていき様々な種類が作られる。手紙の往来形式をとった教訓書『庭訓往来』は先の『酒飯論』とほぼ同時期頃に成立しているが、点心と称するものとして羹類《あつものるい》(7)・饂飩《うどん》・饅頭・索麺《そうめん》・碁子麺《きしめん》・巻餅《けんぴん》など記されている。こうした点心類に含まれる麺や餅は小麦を原料とし、その形状も現在とはおそらく異なっている。例えば碁子麺《きしめん》は今名古屋名産であるきし麺ではなく、小麦粉をこねて団子状にしたもの、巻餅も餅と称しながらもち米を原料とするのではなく、小麦の粉を用いて作られている。

厨房においては、汁物を用意する下働きの僧、あるいは魚をさばく俗人の料理人らしき人物もおり、横の囲炉裏には何かくべられている。この中で特に注目されるのは、飯は描かれておらず麺類が用意されている点である。

一方巻六にも、北野社における詩歌会の後の饗宴風景が描かれている。稚児を相手にしている公家の前に衝重が置かれ、飯を中心に一汁三菜と思われる料理の皿が並べられている。柱を隔てて料理を準備する場では、麺類や饅頭、あるいは餅のようなものが並べられている。また、下働きの若い僧は、藁でくるまれた食べ物を入れた器を持っており、これは粽《ちまき》と思われる。

先の「酒飯論絵巻」における下戸の場面は僧侶の饗宴風景で、三つの場面で構成されている。その一つは主人である住持《じゅうじ》が食事をする風景、隣接する室では茶を点てる風景、さらに厨房では食事を準備する給仕の僧達の姿も描かれている。これ以外に「酒飯論絵巻」には、下戸の料理の下準備

図3　「酒飯論絵巻」(部分)　茶道資料館所蔵

と推測される場面があり、臼で茶をひく僧や、三人の僧が米を選別してふるいにかけ精製している様相も描かれている(図3)。表舞台となる住持達の食事については、その料理の内容は明らかではないが、一汁三菜のごとく並べられた一之膳、二之膳といった衡重を配している点は、膳が異なること以外先の中戸と共通している。しかし酒は全くなく、すべてが飯類、豆類かのように見え、いずれも器からはみ出さんばかりに山形に盛られている。特に一之膳における飯は粒が描かれてリアルである。もう一方の膳もやはり飯類、あるいは豆類のように見える。さらに給仕の僧が山盛りの飯、稚児が汁物らしきものを運んでいる。下戸の本文には、

ことさら祝の座しきにも、先は御れうを、まいらする、元服、わたまし、むことりの、祝にいつれは御料あり、大臣の大饗、おこなふは、かいこうにたに、有かたし

二本三本、五本たて、本飯復飯、すへ御れう、鳥の子にきりの、わか御料、玉をみかける、とき御料、粟の御れうの色こきは、おみなへしこそ、にたりける

桃花の宴のあか飯、花の色かや、うつるらん、夏は涼しく、おほえける、麦の御れうも、めつらしや、地蔵かしらの、高飯は、六道のちく、たのもしや

とそのほとんどは飯について記している。こうした詞書には、語呂合わせもあるが、この件《くだり》から、飯には粟や麦も含まれていたと推測され、米以外の様々な飯料理がだされたのであろう。粟は女郎花の色に例えその色彩は黄であるが、あるいは女郎花の別称「あわばな」のあわに粟、「おみなめし」のめしに飯をかけているとも推測される。また、「鳥の子にきり」は鳥の卵のような形をした握り飯、桃花の宴にある赤飯は「花のいろもうつるらん」としていることから、おそらく桜の花に似た淡いピンクで、それは今の赤飯に相当するものと推測され、握り飯や赤飯も饗応に出されていたのであろう。ここで特に注目されるのは、飯の盛り方についてである。この飯を高く盛る、という意識は先述した宮中の饗宴と共通しているが、宮中の饗宴では飯はきれいな円錐形に盛られていたのに対して、ここでは丸い山形に描かれている点が異なっている。『酒飯論』の本文には高盛飯を「地蔵の頭」に例えていることから、地蔵菩薩の頭をイメージして飯をよそっていたことが窺える。飯を食べることが即ち神仏からの恵みに感謝する、という意もあったのであろう。

この下戸の料理には飯の後に餅も用意されていたとみえ、母子餅、切り餅、松もち、あわもち、粽、いのこもち、鏡餅等種類豊富である。厨房に描かれている食物のうち餅を判別するのは難しいが、一人の僧が握っているものは、中に小豆を入れた餅であろうか。その僧の後ろの棚にも様々な食物が並べられており、下の段には粽も描かれている（図4）。『酒飯論』の本文には記されていないが、

図４　「酒飯論絵巻」（部分）　茶道資料館所蔵

描かれている食物から点心として饅頭類も含まれていたことは想像するに難くない。この他茄子、瓜等といった野菜も描かれているが、この下戸には中戸の場面と異なり鳥や肉類を調理している様子は窺えない。

こうした中世における寺院の食事は、飯だけではなく様々な食材が採り入れられ手を加えられ、餅、粉物も多く食べられるようになったと推測する。しかし、主食はあくまでも飯類で、餅、粉物はデザート的な副食であったと思われる。

庶民の飯料理

これまでみてきた「慕帰絵詞」や「酒飯論絵巻」に描かれている食事は上層階級の様相であるが、一般庶民はどのような食事でその中でどのように飯を食していたのかみていきたい。

一三世紀末成立した「一遍《いっぺん》上人《しょうにん》絵《え》伝《でん》」は、踊念仏によって民衆に教えを広めた時宗の開祖一遍（一二三九～一二八九）の生涯を描いた作品である。この第五巻には、鎌倉の山中を行脚中の一遍の一行のために、僧俗が食物を運んでおり、この中に白い飯が描かれている。また、奈良の当麻寺曼荼羅堂の場面においても、一遍の一行のために僧俗が食物を運び込み、その中で大量の飯を順次盛り付けている。一遍上人については、他に一三世紀末頃に製作された「遊行上人縁起絵《ゆぎょうしょうにんえんぎえ》」(8)があり、その中でもやはり寺院において大量の飯が描かれている。それは武家、老若男女、果ては乞食のような人物にも配られていることから、こうした寺での賄いは信者を中心にみな平等に飯を食することが重視されていたと推測される。

「一遍上人絵伝」や「一遍上人縁起絵」は飯の白さが際立つが、この飯は粥であろう。粥は汁粥《しるかゆ》、固粥《かたかゆ》があり、固粥が今の飯に近い。「一遍上人縁起絵」には、しゃもじで飯を掬うところが描かれているから、固粥と思われる。ところで粥といえば芥川龍之介が著した『芋粥』を思い浮かべるが、その原点となった『今昔物語集』に出てくる芋粥は粥と称しているが米がベースではなく、芋を粉(摩り下ろされたものか)として汁と混ぜ甘味を付けた薯蕷粥と称す食べ物で、饗宴の食事の後に出された。(9)「一遍上人絵伝」では、飯以外の食材も用意はされているが、そこには武家や公家のような手の込んだ料理は並んでいない。『今昔物語集』に、睿実《えいじつ》という天台僧が道端にうち捨てられていた重病人に何か食べさせようと食べたいものを尋ねたところ、病人は飯を魚とともに食べたい、と述べている。(10)こうした逸話は当時の布教者と一般民衆との関わりを示しているだけでなく、飯を主食に副食に魚、といった組み合わせは庶民にとっても理想的な食スタイルであったことを窺わせている。

十二世紀後半頃成立した「病草紙」は京、大和における奇病を絵巻にまとめたものである。この

図５　『春日権現霊験記絵』（小松茂美『続日本の絵巻』13、中央公論社、1991）東京国立博物館所蔵
Image: TNM Image Archives　Source: http://TnmArchives.jp/

中に歯槽膿漏に苦しむ男の姿が描かれている。彼の前には折敷が置かれ、漆器に高盛飯、汁に魚等を盛りつけた一汁三菜らしき配膳となっている。描かれた男がどういう身分のものか明らかではないが、下級官僚、もしくはそれほど貧しくない庶民と推測され、この日は何か特別な日であったかもしれない。飯には箸がおもむろにつきたてられている。公家の儀礼の中において箸をつきたてることは決して無作法ではないとされている。しかし、寺院においては厨房でしばしば見られた光景ではあるが、公家や武家の饗宴風景の中にはあまり描かれていない。こうした下級層で象徴的に描かれている点が注目される。

「春日《かすが》権現《ごんげん》霊験《れいげん》記絵《きえ》」には匠達の食事の様相が描かれているが（図５）、かの『枕草子』にはその飯の食べる有様を「たくみの物食ふこそ、いとあやしけれ」と評し、「もて来るやおそきと、汁物と取りてみな飲みて、土器はついすゑつ。次にあわせをみな食ひつれば、おものは不用なンめりと見るほどに、やがてこそ失せにしか。」と述べている[11]。匠は「おもの」すなわち飯も待たずに汁物、副食物を食べつくし、その後に飯はいらないのかと思いきや、飯もたちまち食べてしまう。飯を中心とした食事を順序だてて食べる公家たちからみればせわしなく、非常に無作法であったことが窺え、「貧乏暇なし」で食べ物に執着しない庶民との相違が窺える。しかし、主たる飯を欠かさない点も庶民の食の有様を物語っている。

中世後半に成立した『七十一番職人歌合』には、米売りをはじめ、餅売り、饅頭売り、索麵売りが描かれ、洛中の市において専門的に職業としていたことを窺わせている。(12)「福富草紙」「直幹申《なおもともうし》文絵詞《ぶみえことば》」にはそうした洛中の市の様相が描かれ、草鞋、魚等を売る店は餅、団子までも売っている。『七十一番職人歌合』の米売りも女であるが、「福富草紙」の中で俵から米を出し選別したり、杵と臼で搗く作業をしているのも女たちであることから、こうした仕事は一般的には女の仕事であったのであろう。また餅売りは、門前でよく見られるような焼餅ではなく、木箱、あるいは曲物に入れられている。画中詞に「あたたかい餅」としている点が注目される。(13)

おわりに

中世の絵画資料に描かれた料理の場面は、ただ料理を食するだけでなく、それまでには決して脚光を浴びることのなかった厨房も重視されている。それは中世の人々が料理を食べるだけでなく、作るということにも強い関心を示していたことが窺える。絵は絵空事といわれるように、必ずしも事実とは限らないが、しかしそこに描かれた風景は、描き手の視点であることには違いない。

そうした中で描かれた飯は白さが強調されているように思われる。当時の庶民の口に白い米が入ることはほとんどない。これに対して上流階級では米そのものの味よりも実は米は白いという見た目を重視していたのではないか。一三世紀頃に成立した『続古事談』には、藤原頼通（九九二〜一〇七四）が平等院領のうち河内国若江郡（大阪府八尾市）の玉櫛庄の米が一番であると評したという逸話が残されている。しかし、「御覧ゼ」ると記していることから、それは味覚ではなく視覚による評価である。食べ物の色、形にこだわるという点は現代にも通じるように思われる。

近年米は様々な銘柄が出回り、日本人はブランド化された米に惑わされそれを求めている。一方で健康ブームの影響により白い米ではない雑穀米も注目されている。米のもつ本来のうま味とはどのようなものであるのか、本当に知る人は少ないのではないだろうか。

註

（1）正月における宮中の行事。射礼《じゃらい》、射遺《いのこし》、賭弓《のりゆみ》弓が行われる。賭弓は近衛と兵衛府の官人が弓技を競い、勝方は懸物が下賜され、負方は罰酒を受ける。

（2）『今昔物語集』巻第二八第二三話。『宇治拾遺物語』にも同話が採り上げられている。

（3）『徒然草』第百十九段に、魚でも鰹は中世以前高級食材ではなかったことを記している。

（4）中国には晩唐の王敷が著した『茶酒論』があり、その内容は酒の徳茶の徳をお互いに説き議論となるが、そこに水が登場し良酒、好茶を造るためには名水が必要である、と仲裁して茶酒両者を修めている。『酒飯論』『酒茶論』の、議論の末第三者に仲裁される、という物語構成の基盤は『茶酒論』にあろう。ただ『酒茶論』は、そのタイトルから日本と中国における酒、茶の位置関係が異なる点、最後は閑人が仲裁している点など内容的にも『茶酒論』と相違が見られることから、日中における酒と茶の位置づけ、日本における喫茶文化の特徴を考察する上で、まだまだ分析の余地がある。

（5）「酒飯論絵巻」は、伝狩野元信画を原本とする系統と土佐派の土佐光元画を原本とする二つの系統があるが、ここでは狩野元信系統とされるうちの茶道資料館所蔵のものを用いる。

（6）道元『永平清規』。寛元四年（一二四六）秋永平寺にて撰述。

（7）羹は本来動物性の脂で固めたにこごりのようなものであったが、中世から次第に小豆等を用いた現在の羊羹に近いものになったとされる。

（8）京都金光寺所蔵。

（9）『今昔物語集』巻第二六第一七「利仁将軍若時、従京敦賀将行五位語」。

（10）『今昔物語集』巻第二二第三五「神名睿実持経者語」。

（11）『枕草子』三一三段。

（12）米売り、餅売り、索麺売りは女で、米売りは豆売り、餅売りは油売り、索麺売りは豆腐売りと対で描かれている。ここでは詳しくは述べないが、そこに記されている画中の詞も興味深い。

（13）あたたかい餅は「湯餅」に通じる。湯餅は『庭訓往来』に点心の一つとして上げられ、その前後には小麦粉を原料とする食物が記述されていることから、あるいは粉物の餅である可能性も否定できない。中国には湯餅《トウビン》があり、その原料は小麦である。

参考文献

源順（著）・那波活所（校注）『和名類聚抄』（早稲田大学図書館所蔵）

『類聚雑要抄』（京都大学付属図書館平松文庫所蔵）

小松茂美（編）『餓鬼草紙　地獄草紙　病草紙　九相詩絵巻』（『日本の絵巻』七、中央公論社、一九八七）

小松茂美（編）『年中行事絵巻』（『日本の絵巻』八、中央公論社、一九八七）

小松茂美（編）『奈与竹物語絵巻・直幹中文絵詞』（『日本の絵巻』一七、中央公論社、一九八八）
小松茂美（編）『頬焼阿弥陀縁起　不動利益縁起』（『続々日本絵巻大成』伝記・縁起篇四、中央公論社、一九九五）
一条兼良（著）・塙保己一（編）『続古事談』（『群書類従』第二七輯、続群書類従完成会、一九五五）
吉田兼好『徒然草』（『日本古典文学全集』二七、小学館、一九七一）
円仁『入唐求法巡礼行記』（『大日本佛教全書』第七二巻、講談社、一九七二）
紫式部（著）・阿部秋生（他校注）『源氏物語』（『日本古典文学全集』一四、小学館、一九七二）
藤原頼長（著）・橋本義彦（他校訂）『台記』（『史料編集』（第一七）第一、続群書類従完成会、一九七二）
石川松太郎（編）『庭訓往来』（『東洋文庫』二四二、平凡社、一九七三）
清少納言（著）・松尾聰（他校注）『枕草子』（『日本古典文学全集』一一、小学館、一九七四）
馬場一郎（編）「料理」（『別冊太陽』日本のこころ一四、平凡社、一九七六）
横山重・松本隆信（編）『室町時代物語集成』第七（角川書店、一九七九）
篠原壽雄『永平大清規　道元の修道規範』（大東出版社、一九七九）
石村貞吉『有職故実』（講談社、一九八七）
『七十一番職人歌合　新撰狂歌集　古今夷曲集』（『新日本古典文学大系』六一、岩波書店、一九九三）
奈良国立博物館（編）『鎌倉仏教―高僧とその美術』（奈良国立博物館、一九九四）
『今昔物語集　本朝』（『新訂増補国史大系』第一七巻、吉川弘文館、二〇〇七）
赤井達郎『菓子の文化誌』（河原書店、二〇〇五）
京都文化博物館（編）『京の食文化展』（京都文化博物館、二〇〇六）
熊倉功夫『日本料理の歴史』（吉川弘文館、二〇〇七）

第2章　田んぼにいきる
―田んぼの心と稲の心、それを感じる百姓の心―

宇根　豊

稲と自然の再定義

稲の位置

田んぼからのめぐみは「米」で代表されてきた。そもそも稲を栽培するために、田んぼを造成したのだから、そんなことは当然だとほとんどの日本人は思っている。しかし、田んぼからのめぐみは、田んぼの自然からもたらされるものである。その田んぼの自然とは、もちろん太陽の光や水や空気や土も含むけれど、稲以外の生きものも含まれている。そのことを研究し表現する農学がなかったことが不思議でしようがない。それほど、田んぼの自然は当然のように、太古の昔からそこにあったか

図２−１　田んぼの自然（石のある田んぼ）

のように、何事もなかったように、毎年変わらずに生をくりかえしてきた。それを「自然」だと意識する必要もなければ、生産の土台だとして研究することもなかった。

ところが、その田んぼの自然を意識せねばならなくなったのは、所与のもので、変化しないと思っていた自然が、農業の近代化で、変化・変質してきたからだった。その理由は二つある。（A）田んぼの自然を代表する生きものがめっきり減ってしまったこと、（B）米を田んぼの自然からの「めぐみ」と感じるのではなく、人間が農業技術によって「生産」するものと考えるようになったこと、が原因である。この二つは関係がないように見えるが、そうではない。この二つの理由が相まって、田んぼの自然は人間から、そして稲から疎遠になっていった。このことは稲にとっても、人間にとっても幸せなことではなかった。そこで、稲にとっての自然、人間にとっての自然をつなぐ方法について考えてみよう。

稲と自然

稲は稲だけでは育たない。「稲は稲だけで育てばいいものを、いらないものまで一緒に育ってしまう」というぼやきは、近代化された稲作技術の特徴だ。しかし、稲は稲だけで育たないから、田んぼは「自然」になったのであり、その自然から永続するめぐみを百姓は引き出すことができたのではなかったのか。そして、それゆえに田んぼは近代化されない価値を未来に残そうとしているし、そのことにやっと現代社会は意味を見いだそうとしている。福岡県では、絶滅危惧種の約三〇パーセントは田んぼの生きものである（これは前述の現象Aにあたる）。これらの生きものを守るためには、百姓が一肌脱がなくてはならない。そのためには、稲と絶滅危惧種の関係を明らかにしなければならない。ところが、自分の田んぼにこれらの生きものがいるかいないかを見つめ、確認する技術が現在の稲作技術には見あたらないのである（これは前述の現象Bにあたる）。

もちろん、決して絶滅危惧種だけが自然を代表しているのではない。未だにありふれて生きている生きものもまた、同じ地続きの境遇におかれていることは忘れたくない。このAとBをどうしてつなぎ、克服するかが課題なのである。もう少しイメージが湧くように、具体例をあげてみよう。西日本では、殿様ガエルが激減している。これは田植機の普及によって、苗を庭先や畑で箱苗に仕立てるために、殿様ガエルの産卵場所だった五月の水苗代が消滅したことが一番の原因である、と思われる。しかし、殿様ガエルの減少が稲にとってどういう悪影響を与えるのか、などと考えることもないし、それよりも殿様ガエルの減少を気にする気持ちも日々に薄れてきている。ここには、AとBに対する問題意識が形成されていない。それを喚起するような「稲作世界」を近代化技術はもちあわせていなかったのである。もちろん悔やんでばかりいてもしかたがない。遅すぎた感もあるが、今からでもつくればいいのである。そのつくり方を考えてみよう。

再生産への疑義

農業経営や農業技術では「再生産」できるかどうかが問われ続けてきた。ただし、この場合の「再生産」とは、経済的にコストが補填できるかどうかを問うものでしかなかった。その費用は米の売り上げで賄われるものだから、米価が「生産原価」を割ると、再生産ができなくなる、と判断されてきた。ところが、原価を割っても、多くの百姓は栽培し続けている。それはどうしてだろうか。米だけが生産物ではないからである。米と同時に、カネにならない多くの「自然のめぐみ」が引き出され、もたらされるからだ。仮に米の生産コストを補えなくても、それが家人の楽しみなら、在所の自然や風景が守られるなら、隣り合わせの田にとって必要なら、田をつくり続けるのは当然なのである。このことを農政や農学は正当に、農の中に位置づけることができなかった。

再生産とは、稲だけでなく、田の中の生きものが生をくり返すことも含むのである。こうした世界こそが、ほんとうの「稲の生産」と呼びうるだろう。

私は、もう二〇年も前から、農業生産の再定義を訴えてきたが、とうとうそれが地方の農業政策にとりあげられるようになった。つまり広く豊かな「稲の生産」を米の販売金だけでなく、住民の自然環境への支出（税金・行政予算）でも補おうという政策である。わかりやすく言えば、米は四〇〇キログラムしかとれないが、赤トンボは五〇〇〇匹生まれる田があるとしよう。田んぼは米の売り上げが少ないが、自然が豊かなので、赤トンボの価値を政策で支えようというのである。この場合、（1）

米の収量が少ない分を補填するか、（２）赤トンボの価値を支払うかで、発想が異なってくる。残念ながら日本では、どちらの根拠も国民の支持を受けていない。なぜならそういう政策を提示されたことがないからだ。これは百姓にも言える。カネになる生産のための助成金・補助金しか政策要求してこなかったのは、近代化途上の政治のどうしようもない体質であった。

後でも述べるが、福岡県では平成一七年より、（１）でも（２）でもない「生きもの調査」に取り組む百姓へ、日本で最初の「環境支払」という政策を実施し始めた。生きもの調査をしながら、赤トンボを育てている百姓仕事を評価する道すじを形成しようとしている。それは田んぼは米だけをつくる場であるという農業観を転換することにつながるだろう。

「できる」から「つくる」論への再考

ところで、現代の日本人は百姓も含めて「米をつくる」と表現するが、「米ができる・とれる」から「米をつくる」への転換は、いつ始まったのだろうか。たとえば「安全性」を求める心情は、当然「トレーサビリティ」という管理体制に行き着くだろう。それも不断の立ち入り検査と内部告発がないと、腐敗する。こういう体制が、一〇年後も二〇年後も続くのだろうか。そもそも、近代化の何がこうした事態を招いたのだろうか。

数年前に隣の婆ちゃんから、トマトをもらった。「あんたの畑のトマトは、今年は早々と枯れあがったね。うちはまだなっとるけん、持ってきてやったとよ。」と言う。ここで私は、「農薬はいつ散布したと？　何を散布したと？　安全使用基準は守ってるやろうね？　残留基準をクリアしているか、分析してみた？」などと、安全性のトレーサビリティ精神を発揮しようとは思わない。うちのトマトの不出来を気にかけ、持ってきてくれた婆ちゃんの優しさに、感謝してありがたくいただいた。

この場合の「いただく」対象は、もちろんトマトだが、婆ちゃんの情愛でもあり、天地のめぐみでもある。婆ちゃんはトマトを育て、トマトができたのである、婆ちゃんが「つくった」のではない、と言い切れるだろうか。もし婆ちゃんが「つくった」のなら、安全性の責任は、婆ちゃんにある。一方トマトが、「できた」のなら、責任は天地にある。こう考えてくると、婆ちゃんが農薬を使用していることは、決定的な分水嶺ではないが、たしかに「できる」から「つくる」へと移行していると言わざるをえない。

「農薬」「化学肥料」の使用は、「できる」から「つくる」への移行を決定的にしたのではないだろうか。だから有機農業は、「つくる」への違和感を持ち続けてきたのではないだろうか。もちろん有機農業がすべて「できる」感覚で営まれているわけではないが、「できる」というスタンスを堅持しなければ、「天地・自然のめぐみ」から遠ざかり、天地・自然という「世界認識」を失うことになるのではないだろうか。

「つくる」ことは、しんどいことである。すべてに責任を負わなければならない。だから手が回らず、眼が行き届かず、「自然環境への影響把握」がおろそかになった。安全性の確保も難しくなった。そのあげく、百姓は「トレーサビリティ」のための書類書きに専念しなければならなくなった。「書類」で「数値」で、安全を確かめなければならなくなったのは、近代化農業の当然の帰結だろう。それなのに、なぜ有機農業までが、「書類」を「数値」を要求されなければならないのだろうか。

消費する側がほとんど、近代化されているからである。食べものは「できる」のではなく「つくられ」ていると思っているからである。どうしたらこの、狭くて窮屈な自然観・農業観を転換できるのだろうか。

「自然」の再定義

しばしば「田んぼは自然でしょうか」と人に尋ねてみる。「自然そのものだ」と答える人にはお目にかからない。みな、首をひねって、しばし考え込む。そこで、図2-2を示して、番号で答えてもらうと、多くの百姓は〝4〟と答え、多くの都会人は〝2〟と答える。ついでに紹介しておけば、「最も価値のある自然はどこですか?」という問いには、〝1〟という答えが、田舎でも都会でもほとんどである。

こういう自然観は果たして、日本人の伝統的な自然観だろうか。難題は二つある。ひとつは、自然のことを考えたり、問うときに、「自然」という言葉・概念を使用せざるをえないことに起因する罠（自

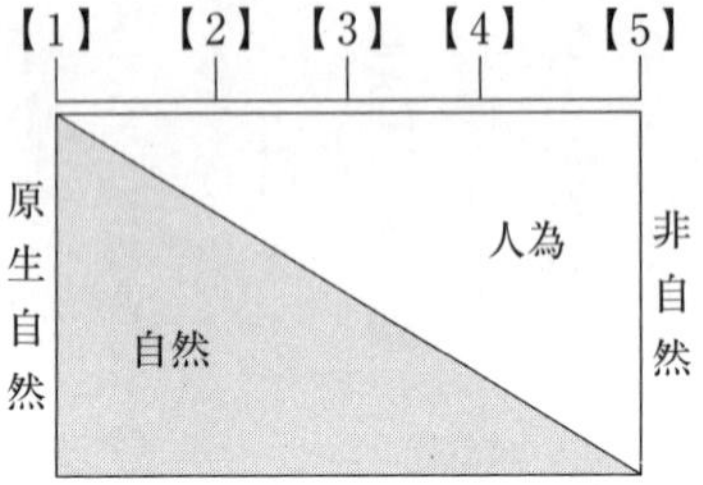

図2－2　現代の自然観の図示

	【1】	【2】	【3】	【4】	【5】	合計
理想的な自然とはどういう状態か	92人	1人	0人	0人	0人	92人
あなたが守ることができる自然はどういうものか	2人	18人	42人	31人	0人	93人
田んぼはどういう自然か（非農家）	0人	28人	41人	19人	4人	92人
田んぼはどういう自然か（百姓のみ）	0人	61人	98人	131人	16人	306人

表2－1

然に対する先入観を与えてしまうこと）にほとんど誰も気づかない、ということだ。図2-2は、当然のように自然と人間を分けている。分けているからこそ、「自然」という概念が成り立っていることを、日本人は意識しない。もちろんこれはヨーロッパからの輸入思想であって、日本人の伝統的な自然観（すでにこういう言い回しが自家撞着に陥っているのだが、「自然観」とでも言わざるをえないのだから事態は深刻なのだ）とは、まったく異なる。そのことを意識できないぐらいに、ヨーロッパ的な自然観に染まってしまい、とり入れてしまった、と言えるだろうか。もしそうであるなら、事態は案外簡単に整理できるだろう。ところがそうはいかないのである。現代日本人であっても、とくに年配者はこうした二分法にどこかで違和感を抱いているのも事実である。だからこそ、前述の質問に簡単に答えられない人も多い。

次の難題はさらに、根が深い。図2-2のような「世界認識」は、自然に働きかける農業の構造を見誤らせることになったのではないかと、私は考える。〝1〟の原生自然が最も価値ある自然だという価値観は、（1）西洋では、「神が造ったままの自然だ」という意味で理解しやすいが、（2）一方、農業とは人間がその自然を壊していく形態だという理解も生み出すことになった（もっとも、それゆえにヨーロッパでは農業と環境との関係も早くから問い詰められてきたことには敬意を払いたいが）。（3）それが、果たして科学的に証明できるのか、簡単ではない。（4）さらに、日本では自然と人間を対立的にとらえてこなかった伝統があるので、こういう図式では、自然の豊かさは表現できなくなる。つまり「自然」という概念を生み出すことがなかった仕事とくらしの評価はできなくなる。

このように、私たち日本人にとっては、「自然とは何か」という命題は、明治以降（もちろんその前も）本格的に問われたことはなかったのではないだろうか。ましてや、農業においては、自然は「農業生産の制限要因」としては研究対象になっては来たが、農業によって豊かになり、日本人の好きな自然になったことは、つまり日本人の「自然観」を形成してきたことには、ほとんど踏み込んだ研究や考察はなかったのではないだろうか。

自然から天地へ

私は「二次的自然」という言い方が嫌いだ。「身近な自然」という言葉でいい。「二次的自然」という概念は、「原生自然」と区別するために考えられたことは間違いがない。しかも「原生自然」の方が、本来の自然で、本来の価値があり、その本来の自然を改造したものが「二次的自然」だという価値判断が含まれていることも間違いがない。ここには本来の自然は「神」が創造したものであり、神の意志が「自然の摂理」として保存されており、二次的自然にはそれが壊れているという西洋起源の「自然観」が色濃く投影されている。それはヨーロッパでは正当な見方かも知れないが、日本では当てはまらないだろう。私たちは「原生自然」を知らないし、この二つを一次と二次に分ける必要性を感じない。

たしかに「人為」と「自然」を分ける図2-2のような自然の構造を、いつの間にか、ほとんどの日本人は思い描くようになった。しかし図2-2のような自然のイメージは、かつて「自然環境」を指す言葉としての「自然」を持たなかった日本人にはまったく理解できないだろう。人間と自然は分けることができなかった。だから自然という概念も生まれなかった。つまり自然を、自然の外側から見ることなどなかったからだ。あえて言えば、人為と自然が融合した状態こそが、かつての自然観であったろう。しかし、現代では、自然は人為の外にある。これが、農と自然を対立させた元凶であろう。

いまこそ私たちは、まったく違う新しい現代的な、農に根ざした自然観をもう一度つくっていかなければならない。人為と自然を分けない、分けて考えるにしても、その関係を、支え支えられている関係を、明らかにしていくために、もう一度自然観を白紙に戻して、「二次的自然」という言葉を使わずに、身の回りの自然を見つめることから始めるしかない。

私たち自身もその一部である自然（天地）こそが、最も大切で身近な自然（天地）である。それは、外側から見ることができないものであるがゆえに、原生とか二次的だという外からの見方とは無縁なのだ。しかもその自然（天地）はありふれたものだからこそ、特別な価値はなくとも、かけがえのない、代替できないものでもある。その自然（天地）のなかに、稲も生きものとして座っている。だから私は、自然ではなく「天地」と呼びたいのである。自然を外側から見たときに「自然」と命名されたように、自然を内側からのみ感じたときにそれが自身も包含された「天地有情」と感じるのである。この外側からの自然観と、内側からの天地観がどう対立し、どう融合するかは次の章で語りたい。

技術ではなく仕事を

仕事にあって技術にないもの

仕事にあって、技術にないものは何だろうか。いっぱいあるだろう。「稲」「伝統」「情念」「情愛」「経験」「人間関係」「自然関係」「天地有情」「カミ」「伝承」「子ども」「祭り」「民俗」……。逆に技術にあって、仕事にないものは何だろうか。もし、技術が仕事から抽出されたものなら、すべて仕事の中に含まれているから、そんなものは存在しない、ということになる。ところが、農業技術の中には、百姓仕事の中には存在しないものが存在する。それは、「イネ」「国家・国民」「近代化」「科学」「生産性」などである。これは、農を「技術」という篩でふるって、篩に上に残ったものを「技術」と命名したものでないことは明らかだ。新しく付け加えられた属性にちがいないだろう。

つまり「技術」は、仕事に比べれば、普遍性を持ち、科学的で、国民国家にとっても有用なものだというイメージは、当然のことであって、そういうものとして形成され直されているのである。「いや、新しい技術も、それまでの経験と矛盾しないことが多いのは、百姓仕事の合理性を吸収し活かしているからではないか。」という好意的な受け止めは、多くの百姓に見られるものだが、そう言い切れるだろうか。豊作と多収は、異なる。「仕事がはかどる」のと「生産性が高い」ことは別の思想だ。除草と草とりは似て非なるものだ。百姓仕事と農業労働も重なり合わない部分の方が多い。また家庭の自給の延長線上には国家の食料自給率は存在しない。

一つの象徴的な例で示してみよう。畦の草刈りの時にカエルが前を横切る。その度に私は、草刈りを躊躇して、立ち止まることになる。こういうことが、秋になると数メートルおきに続く。この躊躇して、仕事が滞った時間を累計すると、半日で一〇分になった。果たして、この一〇分は私にとって、日本農業にとって、日本農政にとって、日本国民にとって、国家にとって、無駄な時間なのだろうか。

現代の農学では、いとも簡単に、こう答えるだろう。この時間は、米の経済価値にとっては、何の貢献もしない時間で、生産効率を落としている原因である、と。また、生態学者に、カエルという生きものを守っている時間だと弁護してほしいと懇願しても、「躊躇しなくっても、せいぜい一〇アールあたり一〇〇〇匹もいる沼ガエルを二、三匹斬り殺すぐらいなら、カエルの密度には影響はありませんよ」と、冷静な返事が返ってくるだろう。

私が躊躇する行為は、学問的には、意味のない行為だということになる。それは、国民にとっても、国家にとってもそうだということになるわけだ。近代化された社会では、こうした百姓仕事の中の情愛を擁護し、価値づける技術論（思想）は衰えてきたのである。

しかし、別のまなざしもあってもいい。そこで私が、もしカエルに躊躇しないで畦草刈りをするようになれば、私は何を失うことになるだろうか。まちがいなく私の百姓としての、生きものの情感に反応する力は薄れ、生きものに包まれて生きる情念は死ぬ、と。そうなると、稲のまわりに広がる天地有情の世界と、稲の関係が見えなくなる。そして、この関係を語ることもなくなる。稲の心は、農業技術では見えないのである。

仕事の中から技術は抽出できるのか

ところが「技術」は仕事の中から取り出せると多くの人は考えている。工業では、まさにそうして技術は職人技からマニュアル化され、めざましいほどの生産性の向上をもたらした、と考えられている。いま産業界で評価が高い「セル方式」（屋台方式）の生産方法であっても、むしろ労働生産性を高める目的が強いだけに、労働時間が終われば早く工場を背にしたくなるのは、無理からぬことであろう。仕事が終わって、「さて回り道になるが、もういちど稲の顔を見て帰路につこう。」という百姓仕事の世界は、いつの間にかこうしたマニュアルから失われている。いや私は、工業のことを語っているのではない。「はやく稲の顔を見たい。」という思いは、仕事の中核に居座る情感だが、近代的な農業技術の中には、姿も形も見あたらない。「それは、技術の周囲にぶら下がっている単なる感情にすぎない。」と言われるだろう。しかし、そうした感情があればこそ、近代化技術への違和と嫌悪が、有機農業への転換を牽引したのではなかったのか。

「それは、仕事の中に置き忘れている。」と言うこともできるかもしれない。しかし、それならその忘れ物を、取りに帰る思想が存在しなければならない。だが、現実の農業技術は、そうではない。そういう百姓の思いを、工業みたいに切り棄てたからこそ、成立したのであろう。私は、このことを非難するつもりはない。切り捨てたという自覚があればいい。そういう自覚があれば、棄てたものを「忘れ物」として思い出し、取りに帰る道を行く人間を馬鹿にしないですむからだ。

そして、私の発見は、その忘れ物の中にこそ、百姓仕事の核があり、近代的な農業技術の中には無いということである。その核をひとまずここでは「情愛」と呼んでおく。

そう言えば、かつて私は年寄りの百姓から怒られたことがあった。

「今の若い百姓は、草取りが終わって、これで楽になるとか、減収せずにすむとか、どうして自分のことだけ語るのか。どうして、稲が喜んでいると感じないのか。」

近代化精神では、除草は稲がよく育つためにする作業なのだが、その根拠を人間の利益である「経済」に求めてしまう。稲がよく育つのは、稲自身のためではなく、そのことによって収益を得る人間のためだという変質が、どこかで生じている。正確に言えば、人間のためだと言い聞かせる力が、稲のためだと言い聞かせる力よりも勝るようになったのである。たしかにこれでは、稲への情愛は死んでいくだろう。

有機農業の中に残っている仕事

私はもう二〇年ほど「有機農業」をやっている。べつに安全な食べものを生産したいからではない。

近代化された農業では、大切なものが滅んでいくことを知っているからだ。ところが昨年から国家が有機農業を推進することになった。法律も制定された。このことは悪いことではない。しかし、そうなると有機農業も「近代化精神」で解釈され、指導されることになるだろう。そのことに目をとがらせておきたい。私の提案は二つである。

（1）自然把握技術（生物技術）を形成する

近代化技術が棄ててきたものをすくい上げるなら、そのすくい上げたものを測る尺度が必要になるのは当然のことだ。その最たるものは、「自然環境把握技術」になるだろう。そこで、有機農業技術であっても、環境把握技術が付随していないのはどうしてだろうか、と考えてみてほしい。「有機農業は環境に優しい農法です」という言説が、定着しているのに、なぜ有機農業には「環境を把握する技術」を形成しようとしなかったのだろうか。それは有機農業技術を仕事の中から抽出するときに、置き忘れてきたのである。あるいは、仕事の中から抽出するのではなく、「無農薬・無化学肥料」という定義から発案したからである。仕事の中に置き去りにされてきた最大のものは、自然（生きもの・有情・風景）への〝まなざし〟である。この〝まなざし〟を技術の中にもう一度据え直す工夫を「自然環境把握」と呼ぶことにする（「影響評価」ではない）。

まず、有機農業技術の自然環境への正負の影響を、科学的に把握する仕事を創造したい。その中心は、「生きもの調査」になるだろう。私たちが生きもの目録づくりと生きもの指標づくりに躍起となっているのは、そのためである。しかし、それは百姓が中心になることで、経験や伝統や情愛が動員され、必ずしも旧来型の「科学」的なものから逸脱する部分も多くなるだろう。その逸脱こそが、重要である。

「三〇年ぶりにタイコウチを見た」と顔を輝かせて、語っている百姓がいる。生きもの調査を終えた後のことである。別にタイコウチがおろうとおるまいと、その田んぼの生産力にはなんの変化もないかもしれないが（実はあるのかもしれないがわからない）百姓のまなざしには大変化が生じたから、新しい言葉が生まれたのである。生きもの調査の目的は、たしかに、（A）わが家の（我が村の）田んぼの自然環境の実態を把握するため、減農薬・有機農業の成果を確認するため、田んぼの生きものを守るため、などという外に開いた意義と、（B）生きものの名前を覚えるため、子どもや孫に教えてやるため、自分の楽しみのため、などという自分の内部に向かう、言ってみれば「自己満足」的なねらいがある。

（A）は、データを要求するし、データがものを言う。成果も計りやすいし、これを公的に支援する理由も説明しやすい。一方、（B）はたしかにその人の豊かな経験と新しい情愛をもたらすかもしれないが、そういう精神的な充実やみのりは他人にはわかりにくいし、評価もしにくい。しかし、今全国に広がっている「生きもの調査」は、（A）の動機で始まっている場合が多いが、それを持続させ深めてきている力は（B）によって生み出されていると言ってもいい。しかし、「科学」や「学」

や「政治」は（Ａ）にしか着目しない。私は、ほんとうの成果は、参加者のまなざしの中にもたらされたものの豊かさで測らなければならないと考えている。

自然環境把握技術とは、（A）と（B）の共存によって、単なる「技術」ではなくなり、「仕事」になるのである。

（2）技術を仕事の中に埋め込む

くりかえして言うなら、「技術」を「仕事」の中に埋め込み、もう一度人間の「情愛」で包み込むことである。そのための方法は、次のように整理できるだろう。

①技術の成果を、仕事が終わった後の「達成感」や「経済効果」や「労働時間」で測るのではなく、（それは近代化尺度に任せておいて）仕事の最中の「充実」や「生きものの見え方」や「作物の声」や「時の経つのも忘れてしまう楽しさ」などで、測るのである。しかし、それは客観的な科学的な物差しがないと困惑するかもしれない。言葉があるではないか。そういう言葉が不足していたからこそ、近代化の軍門に下ることになったのであろう。

②近代的な時間を、もう一度生きものの時間に合わせて、「時短」から救い出すことである。労働時間は短い方がいいという工業労働的な価値が、百姓仕事と農業技術から豊かさを奪った最大の原因である。生きもの（作物や同伴生物）の成長のリズムに合わせるから、〝まなざし〟も生きものに届くのである。そういう意味では、「雨蛙のオタマジャクシの足は、孵化後三〇日めに出てくる」とい

う科学的な知見は、孵化後三〇日間は水を切らしてはならないという生物技術によって、生きものの生の時間を技術に組み込むことにより、労働時間短縮という近代化精神に対抗する仕事に成長できる。

③近代的な尺度を当てはめる対象を限定することである。子育てや祭りに、効率を求めないように、仕事にも効率を求めないでいいような思想と「政治」「体制」を構想したい。カネに代表される「積極的な価値」ではなく、じつは人生とはカネにならない「消極的な価値」で支えられていることを理論化することによって、果たしたい。

④生きものへの情愛を育み直す方法を開発したい。虫や草や稲や野菜への情愛を多彩に表現したい。仕事の成果を「稲が喜んでいる」と表現してしまう伝統を理論化できないだろうか。草から立ちこめてくる情感を感じながら、つまり草の名を呼びながら草刈りするのと、草の名前も知らずに草刈りするのとでは、なぜ仕事の充実感が異なるのか、情愛の存在場所を仕事の中に見つけ出し、技術を包みたい。

非近代化尺度

私は「畦草刈り」は、たぶん近い将来に有機農業の範疇に入るだろうと思う。「それは慣行農業でも行われているから、有機農業ではない」という反論は、（1）慣行農業が畦にことごとく除草剤を使用するようになると、これも有機農業になることを容認することになるし、（2）慣行農業であっても、近代化農業への抵抗が存在し、つまり自分なりに流されまいとしている百姓の情念に鈍感である証拠だろうし、（3）有機農業が脱近代化農業であることを視野におさめていない、ことを露呈している。

私は、「無農薬・無化学肥料」以外の様々な脱近代化の試みを積極的に評価していくこと、つまり有機農業の世界を豊かに広げていくことが、農業の近代化にブレーキをかけ、有機農業的な世界を広げていくことだと思う。そういう思考が存在しないところで、「無農薬・無化学肥料」という部分だけに着目するなら、他の部分の近代化はさらに加速し、有機農業と有機農業的な生き方はどんどんやせていくだろう。

そして、場合によっては「無農薬・無化学肥料」というこの定義も見直してもいいのではないかと思える。他の脱近代化の線引きが豊かにあれば、無農薬でなくても、有機農業に招き入れてもいいのではないだろうか。

有機農業を進めるということは、「無農薬・無化学肥料」という部分を普及するのではなく、近代化農業への多彩な歯止めを共有する農業を増やすということではないのだろうか。ずいぶん誤解を招きそうな言い方になっているので、強調しておきたいのは、「無農薬・無化学肥料」という尺度を尊重しないわけではないが、そういう技術的な自然科学的な、しかもきわめて部分的な尺度だけでは、有機農業の精神は表現できない、と言いたいのである。たとえば「戦前はみんな無農薬だった。」という発言は正しいが「戦前はほとんどが有機農業だった。」という言説は成り立たない。なぜなら有機農業は脱近代化の概念だが、無農薬・無化学肥料は近代化される前の状態をも示すからだ。

そこで、一旦「定義」を離れ、一人一人の有機農業百姓の「生きがい」から、共通性が幾分でも見られる「非近代化尺度」を抽出しよう。そしてその尺度で、すべての農業技術、農業経営、百姓ぐらし、百姓仕事、農業政策を分析し、解釈し直し、組み立て直すことができるなら、清新な方法が生まれる。

有機農業を「脱近代化」の多彩な試みの農業での展開だと定義し直したい。それはまず（1）近代化技術を、（2）近代的な労働観を、（3）近代的なくらしのスタイルを、（4）近代的な自然観を、（5）近代的な農業経営観を、（6）近代的な価値に傾斜しすぎた農業政策を、（7）近代的な農業指導のあり方を問い直すこととなる。そのための「非近代化尺度」を提示しなければならない。その一例を次に示す。

たとえば「安全性」を求める消費者の要求が、いつのまにか農薬の残留分析やトレーサビリティ管理強化の方向に進み、行政のコントロール下に収まっていったのは、システムの問題だけではなく、そういうシステムに吸収されてしまう程度の安全性確保の「尺度」しか提供できなかった思想だったということではないか。そこには、近代的な人間の欲望達成のための「安全性」ばかりが肥大化してしまっていた。脱・近代化の思想は希薄だったと言わざるをえない。

私の力量不足は承知の上で、いくつかの分析の実例を簡単に描写しておきたい。

（1）【自然】農業の土台にありながら、それ故に所与のもの（前提）と見なされ、方法論の対象とならなかった「自然」に切り込む。「自然」という言葉は、すでに「世界認識」の視座を持ち得ているが、田畑の自然環境を「世界認識」に向けて再構築することが新しい科学であり、生きものの全容把握と関係性の把握はその切り口となりうる。一方、日本の伝統的な「天地有情」観には、そういう全体的な視座はなく、ただその只中に没入し同化していく姿勢が強い。これを「学」として取り上げるためには「情念」論の形成が不可欠である。

（2）【情念】同じように、学の土台にあるもので、学の対象とされなかった生きものからの情感とそれに応える人間の情念にも切りこむ。そのためには、近代化精神によって（旧来の日本農学によって）仕事の中から労働が抽出され、同時に技術が抽出された瞬間に、仕事の中の多くの豊かさが「学」からこぼれ落ちたことを見直すことから始める。まず①仕事の充実・喜び・誇りを拾いあげたい。②次に仕事の対象との交流・情愛を表現し直したい。さらに③技術や生活が、経済よりもそうした情念によって支えられている構造を明らかにしたい。

（3）【生き方】たとえば、自分の田畑にはある条件が欠けているとする（山陰で日当たりが少ない、火山灰土壌で燐酸が足りない、妻を亡くして一人で働いている、など）。それを補うのか、それを補うよりも引きうけて生きるのか、と考えてみよう。近代化は例外なく、補う方法論が隆盛になった。

近代化尺度	新しい解釈	脱・近代化尺度	その根拠・内実
労働時間	長くてもいい	生きもの	一緒に働くものがいるのがいい
所得	低くてもいい	風景	風景を壊さない
収量	低くてもいい	生きがい	カネにならないよりどころ
生産コスト	多くてもいい	エネルギー収支	投入エネルギーの少なさ
労賃	低くてもいい	くらし	自然、人間との関係性の深さ
安全性	生きものの関係の安定と安全	生物多様性	どういう関係か
利潤の使い方	自然への還元	家族の参加	年寄りや子供が役割分担できるか
労働強度	楽しければいい	消費者とのつながり	農を支える存在
経営拡大	持続すればいい	自給	カネにならないものも自給する
環境保全	経営の重要な一部	自然	守るつとめ
補助金	カネにならないものへの支援	仕事	情愛の源

表2－2　近代化尺度と非近代化尺度

そういう思想だからである。一方で引きうける方法論もあってもいいだろう。引きうけると、そうした欠陥の麗しさも見えてくる。それをすくい上げていく。

このように考えてくると、どうしても分析とともに「表現」の方法論が形成されなければならないことが見えてくる。「学」は表現の体系でもあり得るからだ。

世界認識の扉

科学的な世界認識

世界認識など歯牙にもかけず、ただひたすら狭い「生産」に励んだ技術だったから、生きものが減っただけでなく、自然への内側からのまなざしが衰えた。誤解を恐れずに言うと、自然が大切なのではない、自然へのまなざしが大切なのだ。

子どもたちにも、田んぼの生きもの調査が広がってきている。ほんとうに嬉しい。生きもの調査をやっていると、ほとんどの子どもが疑問に思うことがある。「この生きものは、どうして、ここにいるのだろう?」「どこから来て、どこに帰るのだろう?」「水がなくなったらどうなるのだろう?」「耕したらどうなるのだろう?」「冬になったらどうなるのだろう?」生きものへのまなざしが情愛に深まって行っている証拠だ。

ただし、普段はこういうレベルでとどまって、これから先には行かない。これは、決して悪いことではないし、むしろここから新しい世界が開かれていくだろう。ところが、生きもの調査をした子どもたちの中には、「田んぼにはどれくらいの種類の生きものがいるのだろう?」と質問してくる子がいる。この問いは「この田んぼの世界全体はどうなっているのだろうか」という世界認識の扉をまさに開けようとしているのだ。

それなのに、この問いに答えられる大人は、科学者を入れても誰もいない。それはそうだろう、神でもない限り、世界のすべての生きものを認識することはできない。しかし神に代わって、それを行うのが「科学」ではなかったか。

「田んぼで生きているすべての生きものの全リストをつくってみましょう。そうすれば、田んぼとはどういう世界であるかが、明らかになるはずです」と「科学」なら考えてほしい。ところが、農学

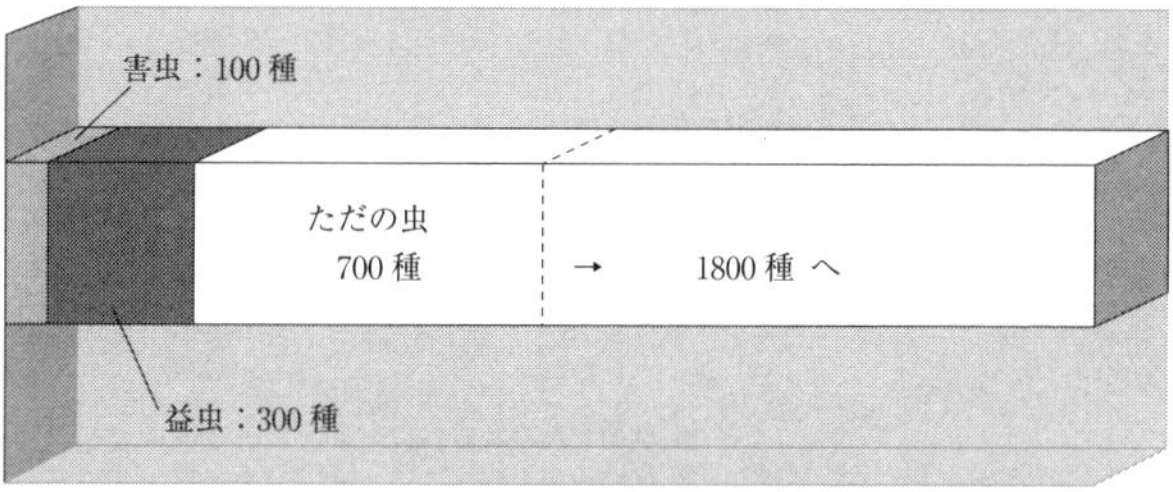

図2－3　田んぼの世界認識（当初「ただの虫」は約700種と想定していたが、現時点では約1800種になっている。）

ですら、この扉を開け放つことはなかった。一番よく研究されている田んぼでも、生きものの全種のリストは存在しない。それは仕方がなかったのだろうとも思う。なぜなら、その理由は、

（1）あまりに種類が多く、専門性に細分化された研究者の手に余ったから。

（2）全種を明らかにするよりも、害虫・天気などを明らかにする方が役立つと思われたから。

（3）そもそも全種を明らかにすることの意味と価値が理解できなかったから、だ。

しかし、そろそろこれに着手してもいいのではないだろうか。なぜなら生きもの調査などという世界認識へのアプローチをもった運動が広がっているからである。

じつは私たち農と自然の研究所では、「田んぼの生きもの全種リスト」を作成中である。図2-3は五年ほど前に私が発表した図である。この図は、「ただの虫」という日本的な概念が、西洋発の「生物多様性」と出会って、世界認識に目覚めた瞬間に発案された。つまり「ただの

動物	昆虫	1364種	合計 2248種	総合計 3901種
	クモ	121種		
	両生類	55種		
	魚・貝	186種		
	エビ・カニ・ミジンコなど	159種		
	ミミズ・線虫など	83種		
	鳥類	243種		
	哺乳類	37種		
植物	双子葉類植物	971種	合計 1653種	
	単子葉類植物	401種		
	羊葉・苔	85種		
	藻類	148種		
	菌類	48種		

表2－3
（この他に原生生物832種がいる。）

虫」という概念がなければ、百姓のまなざしは害虫と益虫にとどまり、「世界認識」に広がることはなかった。

この害虫・益虫の生産関係を田んぼの全体に広げ「世界認識」にもって行ったのは、「ただの虫」という概念だった。

ただの虫の発見

「ただの虫」という概念は一九八九年に筆者・日鷹一雅氏によって提唱され[1]、何のためにそこにいるのかという感慨を誘い、日鷹によって「ただならぬ虫」であること、つまり関係性の広がりが発見され、筆者によって多くのただの虫がいわゆる「自然の生きもの」であることから農業における「自然」が再発見された。しかし「生物多様性」という概念が一九九二年に提示される前は、それが農学的な世界認識であることは意識されなかったような気がする。図2-3にしてみてはじめて、「ただの虫」なしには、少なくとも生きものを通しての世界認識は成り立たないことがわかる。つまり、図2-3はすぐれて外側からの、つまり科学的な世界認識のアプローチであった。

じつは図2-3を提示する前提として、田んぼの生きものの「全種リスト」がなければならない。

郵便はがき

(料金受取人払郵便)

左京支店承認

9190

差出有効期間
平成22年12月
31日まで
(切手不要)

606-8790

(受取人)
京都市 左京局区内
田中下柳町八番地

株式会社 臨川書店

愛読者係 ゆき

6068790 10

ご住所 (〒 −)

TEL FAX e-mail

フリガナ
ご氏名 (歳)

勤務先

ご専攻 御所属学会名

※お客様よりご提供いただいた上記の個人情報は法に基いて適切に取り扱い、小社の出版・古書情報のご案内に使用させていただきます。お問い合わせは臨川書店個人情報係(075-721-7111)まで

愛読者カード

平成　　年　　月　　日

ご購読ありがとうございました。小社では、常に皆様の声を反映した出版を目指しております。お手数ですが、記入欄にお書き込みの上ご投函下さい。今後の出版活動の貴重な資料として活用させていただきます。なお、お客様よりご提供いただいた個人情報は法に基いて適切に取扱い、小社の出版・古書情報のご案内に使用させていただきます。

名

買上げ書店名　　市区 町村

書お買上げの動機

1．書店で本書をみて
2．新聞広告をみて（　　　新聞）
3．雑誌広告をみて（　　　）
4．書評を読んで
5．出版目録・内容見本をみて
6．ダイレクトメール
7．その他（　　　）

書のご感想

刊・復刊などご希望の出版企画がありましたら、お教え下さい。

ご入用の目録・内容見本などがありましたら、お書き下さい。
早速お送り致します。

□小社出版図書目録　□内容見本（分野：　　）
□和古書目録（分野：　　）　□洋古書目録（分野：　　）
□送付不要

ありがとうございました

図２‐３は二〇〇三年に筆者によって描かれたものだが、当時確たる「全種リスト」があったわけではない。したがってこの表の数値は大きく書き換えられようとしている。農と自然の研究所は現在「全種リスト」の作成を進めていて完成間近である。

表２‐３には、この「全種リスト」の概略数を示しておこう。ここで「科学」は大きな難題に直面することになる。「はたして、この全種を誰が認識できる、というのか？」という問いに答えなければならない。一つの答えは「それは特定の人間が認識するのではない。科学が認識するのだ。」というものだろう。それで済まそうとするなら「そんなものは、百姓には無縁のものだ」と切り捨てられるだろう。

これまでの日本農学には、世界認識の視座がほとんど存在しなかった。その理由は二つあるだろう。①自然が所与のものとして位置づけられたように、世界もまた当然のようにそこにあり、百姓は当然認識しているものとして顧みる動機がなかったからである。このことは半分は正しく、半分は明らかな間違いであった。たしかに百姓には世界認識に似たものはあったが、それは前述したように科学的な世界認識ではなく、「天地観」であったからだ。

もうひとつの理由は、②農学は、世界認識から出発する必要もなく、また世界認識に到達する必要もなかったということだろう。それは、日本農学が国家の学として、近代化の学として、当初からの性格であった。つまり「天地観」とはひとりひとり異なるもので、国家が介入する必要もなく、近代化にとっては「天地観」はむしろ邪魔なものだったからであろう。しかし百姓ひとりひとりの「天地観」との関係はそうだったかもしれないが、「世界認識」はどうだったのか。自然に働きかける人間の学としての農学にとって、世界認識への志向はまったくなかったのではなく、産業化の学としての位置づけが強化されることによって、しぼんでいったのではないか。

新しい百姓仕事

「生きもの調査」が確実に広がっていこうとしている。これで私たちの農と自然の研究所も心おきなく解散できる。ところで、「生きもの調査」は科学的な世界認識を目指しているように見えるかもしれない。しかし、百姓が調べているのは、田んぼでもせいぜい一五〇種に過ぎない。これくらいの種の実態をつかんで、どうして世界認識に持っていこうとしているのだろうか。

田んぼの生きもの調査は、生きもの目録づくり（めぐみ台帳づくり）のための手段だが、意外なみのりをもたらしている。

①「百姓の豊かなまなざし」が復活した。それは百姓仕事からもたらされる本来の能力だったのかもしれない。「タイコウチを三〇年ぶりに見た」と語っていた百姓の言葉は、タイコウチの存在とともに、三〇年間の彼のまなざしの不在に眼を開いている。つまり、自然とともに仕事へのまなざしが復活してきている。

②「田んぼの生きもの目録」が自動的にできあがった。それは、紙の野帳や報告用紙の中にもあるが、一番の所蔵庫は百姓の胸の中だろう。一人一人がタカラモノ（生きもの目録つまり世界認識の帳票）をこれからは抱きしめて、生きていくことになるのである。

③田んぼの〝めぐみ〟（多面的機能）に対して、「環境支払い」を本格的にやろうと思うと、当然ながら、「支払い根拠」を明らかにしなければならない。次に、どれくらい以上の水準に達すれば払うのかという「基準」が必要になる。さらに、その「水準」を一人一人の百姓が確かめる（調査する）方法がなければならない。最後に、その百姓の申請が妥当なものかをチェックする方法が必要になる。

生きもの調査の目的

福岡県では、田んぼの生きもの調査に助成金を支払うという政策を始めた。しかもこの環境支払いに「県民と育む農のめぐみ事業」と命名した[2]。言うまでもなく「農のめぐみ」とは、カネにならない「生産物」のことである。このように日本における「環境政策」は、必ず価値転換の準備から始まらざるをえない。こうして稲を支えてきた稲以外の「生きもの」に対して、政策の目が届いたことを、私は万感の思いで受け止めたい。

さらに、この生きもの調査への環境支払いは、思いがけない展開を見せているのである。表２−４は、生きもの調査を何のためにやっているのか、と参加者の百姓に、二年間が経過した後で、尋ねてみた

	福岡県農のめぐみ地区		宮城県のグループ	
	実数(人)	割合(%)	実数(人)	割合(%)
1．生きものの名前や生態を知るため	15	8.9	12	13.0
2．減農薬・有機農業の効果を確かめるため	50	29.6	19	20.7
3．農産物に付加価値をつけるため	4	2.4	15	16.3
4．地域のタカラモノさがし	5	3.0	−	
5．自分の楽しみや勉強のため	6	3.6	11	12.0
6．家族や地域の子どものため	1	0.6	7	7.6
7．未来のため	6	3.6	14	15.2
8．環境を守るため	43	25.4	−	
9．環境支払いの支援金をもらうため	7	4.1	2	2.2
10．農業に対する見方や農政を変えるため	11	6.5	12	13.0
11．その他	5	3.0	−	
無効回答	16	9.5	−	
小　計	169	100.0	92	100.0

表2－4　あなたにとって田んぼの生きもの調査を実施する意義は何ですか？

結果である。参考までに二〇〇七年一月に宮城県で生きもの調査をしている百姓に行ったアンケート結果も掲げる。（ただし、福岡県では一つ回答してもらったのが、宮城県では二つ選んでもらった。）

（1）技術に戻る百姓の本性

たしかに、自分の技術の成果を生きものによって確かめたいという気持ちが両県の百姓とも高い。つまり農業技術の延長ととらえているのである。従来は生産性（収量や所得）という近代化尺度でとらえてきたのだが、新たな確認法、表現方法を見つけようとしている。農薬の残留分析調査などのデータではなく、自分で確かめられる指標・表現を探しあてようとしているのである。この指標の最大の特徴は、農薬残留や米の成分などのように米の内部にあるのではなく、米の外部にたおやかに広がっていることである。

（2）外部へのまなざし

だからこそ、生きものの実態が「環境を守るため」の指標にもなるのである。「地域のタカラモノ」だという認識も生まれてくるのである。そして、自然とつきあう仕事の本質として、もっと生きものの名前を知りたい、もっとくわしく生きものを観察したいという欲求が出てきて、自分だけのものとして閉じこめられなくなり、家族や地域の子どもや「未来のため」にもやるようになるのである。

（3）目的の拡散と開発

大事なことは、これらの生きもの調査は、従来の調査のようにあらかじめ決められた「目的」のためにだけ行われることがない、ということだ。やりながら、目的も深まり、そして広がっていくのである。当初の目的だった「環境支払いの支援金をもらうため」という目的が薄くなって、「農業に対する見方や農政を変えるため」という目的も生まれている。

（4）生物認証の扉

注目すべきもうひとつの画期は、「農産物に付加価値をつけるため」という回答があることだ。それは単に「無農薬・減農薬」を証明する手段としてだけでなく、その生きもの自体を価値として表現し伝えたいという気持ちも含まれている。ここに「生物認証」という新しいスタイルが生まれつつある。米の内部の成分表示（農薬残留値も含めて）ではなく、米の外部の世界を米につなごうという新しい発想が誕生しようとしている。

（5）自分を見つめる契機

それにしても「自分の楽しみや勉強のため」という百姓も少なくないのは、内部に閉じているような印象があるだろう。しかし、私はここにこそ生きもの調査の最大の意義があると考える。生きものを見つめることの意味が、これほど明らかになったことはないだろう。百姓は生きものを利用しようとする前に、生きものと向き合い、見つめ合い、交流しているのである。もちろんこのようにあからさまに意識することはないかもしれないが、「タマシイの交流」と呼ぶしかないような時間を過ごしたのである。この体験が百姓には新鮮に感じられた、と言うといぶかしく思われるだろう。百姓なら自然を見つめるのはあたりまえではないか、と言う人もいる。しかし、稲が稲だけで育つような世界を追求してきた「近代化稲作」にどっぷり浸かってきた身には、発見の連続だったのである。ここから相次いで言葉が生まれている。家族に、在所の住民に、消費者に、その言葉は届く。言葉だって、田んぼの生産物かもしれない。

生きものへのまなざしを待っているもの

じつは「世界認識」の扉はこうした科学的な（自然と人間を分ける見方を土台にした世界認識）入り口だけではない。もっと魅力的で奥深い方法もあるのだ。百姓は、すべての種を知らなくても、田んぼのことはよくわかっている。限られた生きものと、しっかり深くつきあうことで、その生きものと自分との関係を土台にして、世界を解釈するのだ。

かつて百姓は、植物なら約四〇〇種、動物でも三〇〇種の名前を呼んでいたという。それだけ、生きものとの関係は深く広かった。それだけ世界も広く豊かだった、と言えるだろう。ところが、現在では植物で一〇〇種、動物でも八〇種ぐらいしか知らない人が多い。その理由は、言うまでもない。生きものとつきあう、出会う時間と場が決定的に減ってしまったからだ。それが、農村の子どもたちにももろに影響している。

このままでは、田畑には「名もなき」虫や草が増えていく。生きものたちは声をそろえて言うだろう。「名前があるのに、人間は呼んでくれないの?」と。生きものに向き合って、仕事やくらしの中で、つまり日常の中で、名前を呼ぶことが、もうひとつの世界認識だったのである。もちろんその名は「地方名」であったし、名前を呼ぶことはその生きものも自分も同じ生きもの同士であるという同じ世界に生きているという実感の表明でもあった。

この二つの世界認識を橋渡しする目的で、「生きもの調査」が始まったことも、心に留めてほしい。そこで、こうした内発的で伝統的な世界認識と、外側からの客観的で科学的な「全種リスト」がどう出会うかを考えてみよう。もう一度、表2-3を見てほしい。昆虫なら一三六四種、クモなら一二一種、植物なら一六五三種が田んぼで生きている。これ以外のものも合計すると四七三三種になった。

まず、このリストをめくるところから始めてほしい。ときどき、知っている名前に会うとほっとして嬉しくなるだろう。すべての生きものに名前をつけようとするのは、分類学者だけではない。百姓だって、必至で名前をつけて呼んできたのだ。名前のない生きものなどいない。なぜなら人間が認知できない生きものは、「生きもの」とは呼ばないからだ。人間が名前を呼ぶものだけが生きものなのだ。

このリストはたぶん内発的な世界認識を手助けする外からのツールになるだろう。

赤とんぼを科学で見るか、情感で見るか

今夏も甲子園球場では、高校球児と一緒に赤とんぼが舞う光景が見られた（このトンボは西日本ではは精霊トンボと呼ばれているウスバキトンボである）。この風景は毎年くりかえされる。ありふれた「自然現象」である。観客も、あの赤とんぼ田んぼで生まれて、甲子園まで飛んできていることなど、意識することもないだろう。日本で一夏に生まれる赤とんぼは、約二〇〇億匹だと思われる（農と自然の研究所の調査による）。これはかなりの数ではないだろうか。日本人の多くが赤とんぼ好きである理由のひとつがここにある。

だが、この赤とんぼの九九パーセントが田んぼで羽化していることを知っている日本人は、ほとんどいないだろう。それは百姓も例外ではない。村の中を群れ飛ぶ赤とんぼを見て、田んぼで生まれているな、一〇アールに一〇〇〇匹生まれているな、田植後の産卵から三五日で羽化するな、そもそも

あの赤とんぼは田植の時に毎年東南アジアから飛来するのか、などと分析的にとらえることはない。ひたすら群れ飛ぶ風景を満喫するだけである。それが自然と日本人のつきあい方であり、そうでなければ、赤とんぼは「自然の生きもの」になることもなかった。（ロ）

一方、「生物多様性」という科学の臭いがする概念で、赤とんぼを捉えることは必要だ。なぜならそれは、単に水田に特化して数が多いというだけでなく、（多い田んぼでは、一平方メートルに一〇匹を越える）ヤゴがかなりの生きものを食べないと育たないこと、羽化した後も広範囲に出没して多くの虫を食べながら三か月以上も生きていること、などが理由である。しかし、その実態はまだまだよくつかまれてはいない。近年東日本の田んぼで生まれている赤とんぼ（主に秋アカネである）が、激減している理由は、ある種の農薬が疑われているが、よくわかっていない。（イ）

ここから二つの重要な課題が見えてくる。（1）日本人は、赤とんぼを科学的にはとらえていない。つまり「赤とんぼ」と「生物多様性」を結びつける論理は、日本では形成されていない。（それぞれが別々にとらえられている。）（2）農業は、赤とんぼの多くが田んぼで生まれているのにもかかわらず、農業の価値だと位置づけていない。（自然現象だと思っている。）したがって、赤とんぼを切り口に農業に生物多様性の論理を持ち込むのは、容易ではない。（もちろん私は赤トンボに象徴させて語っているのであって、赤トンボを他の生きものに置き換えて考えることは可能だ。）

しかし日本で「生物多様性」という言葉がこれほどに急速に普及したのはどうしてだろうか。たしかに、平成四年のリオデジャネイロの「地球サミット」において生物全般の保全に関する包括的な枠組である「生物多様性条約」が採択され、日本も「生物多様性国家戦略」を策定したからだと、政府は説明している。歴史的な経過はその通りだが、日本人はこの生物多様性を「自然現象」の代名詞として受け入れてきたのではないだろうか。自然は生きものの生命で満たされており、生きとし生けるもの全部を慈しんできた日本人の伝統的な情感が、生物多様性という近代的な概念を受容した土台になったのではないだろうか。

だが、疑念も残る。こうした新しい科学的な概念と、伝統的な前近代的な情愛が、ほんとうに融合して響きあえるものだろうか。ともに互いを刺激し合い、深めあうことができるだろうか。日本人の自然観を現代的に再建するためにも、「農業がつくりかえた自然に、農業は誇りと同時に責任をも持つ。」という新しい切り口を非科学と科学は協働して、切開して行きたいものだ。

稲と自然とごはんの関係指標

私たちは田んぼの生きもの調査の結果を、図2-4のように表現している。ここでは、オタマジャクシに限定したが、福岡県の「環境支払い」では、地域ごとに数十種の生きものをこのようなポスターにしている。私はこのポスターを小学生たちに見せながら、こう尋ねることにしている。「みんなは、誰のためにごはんを食べてる?」すると「自分のため」「自分の体のため」「生きていくため」という

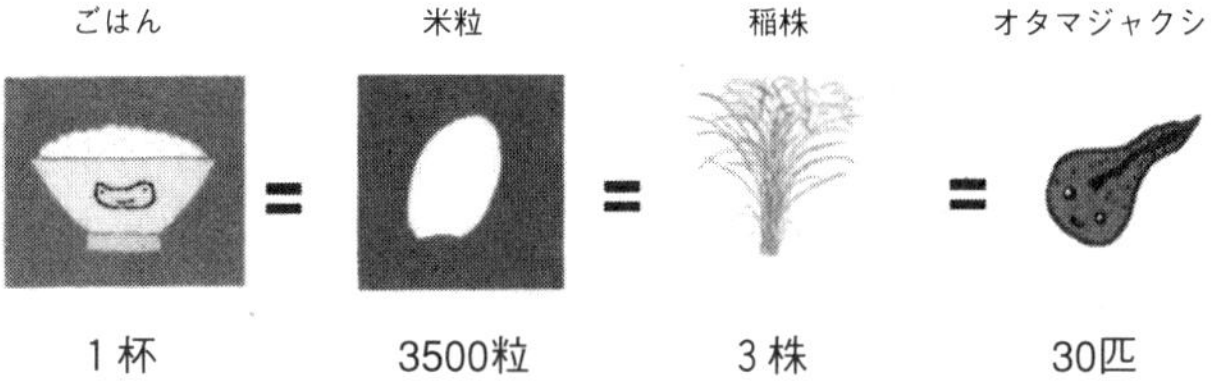

図２－４　人間とごはんと生きものの関係（2006年福岡県農の恵み事業のデータによる）

ような答えが返ってくる。「でもね、たまにはね、自分のためじゃなくて、オタマジャクシを育てるためにごはんを食べよう、と思ってみたら？」と言うと、笑いが教室中に広がっていく。「信じられない！」「ウッソー！」「馬鹿みたい！」と声を上げる。

「そうだろうね。大人たちはもっと、信じてくれないかもしれないね。もっと想像しにくいことかもしれないね。でも、田んぼに出かけたときに、稲のまわりでオタマジャクシが育っていたよね。」と私は話しかける。いつの間にか稲は人間のためだけに存在するような錯覚を現代人はしている。稲自身も自然のめぐみをいただいて育っている。この稲と自然の生きものとの関係を支えるためには、百姓だけの力では足りないものがある。たとえば、この稲とオタマジャクシとの関係を支えるためには、この稲を毎年きちんと消費してくれる人間が必要なのだ。稲は「ごはん」となって、人間を自然と結んでくれる。この関係が、見えなくなったから、農と自然のつながりも見えなくなった。米を食べることは、農の重要な一部をなしている。これを「消費」ではなく、「自然保護」と呼ぶこともできるし、「食農教育」「自然観の陶冶」とも呼んでもいい。「もし君たちが一杯のごはんを食べなかったら、オタマジャクシ三五匹が死んでしまうんだ」と語る言葉を、実感できる人間は幸せだ。

稲と自然の再定義とは、この関係を新しくつくりあげることであろう。消費者も含めて、人間が自然と深くつきあうから、自然は輝き、そこからはカネになるものもならないものも含めて、測り知れないめぐみがもたらされる。そのめぐみの総量を計る科学は、未だに存在しない。それを少しでもつくるために、人間は生きものの力を借りるしかない、と思う。今年も稲一株のまわりで、チビゲンゴロウが泳ぎ回ることだろう。このチビゲンゴロウと稲の生産との因果関係は、現代の科学ではわからない。しかし、両者の関係は見えるのである。福岡県の多くの田んぼでは、稲三株と一緒にチビゲンゴロウが一～三匹育っている。この関係を支えるために、ごはんを食べる人間が育つことが、田んぼと稲と自然を守ることになる。

田んぼは天地有情

機能やサービスではなく、天地のめぐみ

（１）落ち穂ひろい

落ち穂拾いの風景をすっかり見かけなくなった。もちろんコンバイン収穫になって、落ち籾は拾いにくいことも理由だが、それよりもそこまでして、米を穫らなくてもいい、という精神が落ち穂拾いを廃れさせている。しかし、もっと深い理由にこの頃になって気がついた。

かつての百姓は米がたくさん穫れると「天地のめぐみが大きかったからだ」と、自然（天地）に感謝したものだった。現代では、「自分の手入れが、自分が採用している技術が優れているからだ」と自分を褒める場合が多い。

米を天地からの「めぐみ」だと思えば、めぐみをおろそかにすることは気が引ける。「もったいない」と感じるだろう。子どもたちに落ち穂拾いを体験させるのは、これが目的である。

一方、米の生産を自分の行為の結果だと思うなら、落ち穂を拾うか拾わないかは、自分が決めることだ。「もったいない」かどうかは、落ち穂拾いの労賃と収益とを天秤にかけて決まることになる。二平方メートルに一本の落ち穂が落ちているなら、一〇アールに五〇〇本で、約一キログラムになる。米の価格にすれば、約三〇〇円。この収穫のために三〇分かかるなら、時給六〇〇円。（さらに籾摺り、

精米の仕事も必要になる。）これではやる気になれない、という判断は合理的だが、大事な世界を失うことになるかもしれない。

最近、驚くようなことを地元の九三歳になる百姓に聞いた。これまでの自分の不明を恥じたものだった。「落ち穂は百姓以外の人ならだれでも、拾っていいという習慣だった。」百姓は決して拾わなかった、と言うのだった。これは凄いことだったのではないだろうか。「稲刈りが終わると、袋を持った人たちが待っていて、田で落ち穂拾いに励んでいたものだった。」と懐かしんでいた。「消費者との交流」なんてものではない。天地の「めぐみ」を、分かちあう思想が健在だった時代があったのである。決して百姓から消費者への「おめぐみ」ではなかった。

現在のコンバイン収穫では、落ち籾が一平方メートルに約一〇〇〇粒、つまりシイナや未熟粒が多いから約一〇グラム、ということは一〇アールあたり約一〇キログラムにもなる。相当な量だと言えよう。この「めぐみ」を雁や白鳥や鶴などの冬鳥がいただいている意味と価値をもう一度考えてみたい。一羽の雁が食べる籾は一日に約一〇〇グラムだとすると、一日に約一〇平方メートルの田んぼが必要になる。一〇アールで約一〇〇日分の食べものが雁のために、めぐみとして提供されている。

農が地元にあたりまえに存在しなければならない最大の理由は、農があればこそもたらされる「めぐみ」が、人間以外にも届けられるということだ。ここではわかりやすい「落ち穂」「落ち籾」を例に挙げたが、これ以外にも「めぐみ」は無尽蔵にある。こういう世界の構造を、この国の百姓はつくりあげてきた。（こうして、生物多様性も支えられてきた。）

どうだろうか。内側からの「世界認識」は、天地のめぐみに行き着く。しかしこの「天地」とは「自然」とは、大きく異なる。近代化された「生産」から、こうした「めぐみ」がこぼれ落ちたことに目をそらさずに、この「めぐみ」を拾いあげ、もういちど世界に戻していく学はないものか。

（２）多面的機能を越えた「めぐみ」

百姓にとって「多面的機能」は外部からやってきた言葉・概念である。自分たちの実感とはかなりずれている。普段は意識しないコトを、「機能」として意識せよと迫られたわけである。「水田には洪水防止機能がある。」「水田には生物育成機能がある。」と言われても、そういうコトを目的に「稲作」をしているわけではなく、そういうコトが自分の百姓仕事の結果生じていると、実感することもない。ここが「農」のすごいところなのだが、これを百姓が実感し、自前の言葉で表現しないことには、この価値は誰にも伝わらないだろう。

「落水の時に、生きものが気になるようになりましたか」というアンケートに対して、「田んぼの生きもの調査」をやったことがある百姓の大半は、「そうだ」と答えている（気にならないというのは一〇パーセントであった）。これは生きものの「生・いのち」を感じているからである。その生と自分の落水という百姓仕事が濃密に関わり合っていることを意識しているからである。

こうして「生物育成機能」は、落水という百姓仕事と結びつくことによって、「機能」ではなく「実感」となり、意識される。ここから人に伝える言葉が生まれれば、それは「めぐみ」になり、家族や地域の人や国民と共有できる。

（3）「表現」「言葉」が一番大切

各地でよく聞かれることは、「まだ、こんなに生きものが生きていたのか」という驚きの言葉である。「ほんとうに、なつかしい」という言葉も聞いた。それは「今まで何を見ていたのだ」という深い反省を伴っているが、感動が過去の経験と結びついているところに最大の特徴がある。時の流れの中で、百姓も生きものも生きてきたが、両者の関係はだんだん希薄になった。それは日本社会の近代化の流れの中で、どうしようもなかったことだった。その流れの中で、いつの間にか姿を消した生きものも少なくなかったが、まだ生きのびて、こうして数十年ぶりに顔を見合わせる生きものがいる。

このひとときに、感動は生まれてくるものなのだ。そしてこの感動・感慨を言葉に変えるものが、「伝承したい」という百姓の伝統だろう。なぜなら、自分も生きものとの関係を、体験を通じて引き継いできたからである。生きものへの〝まなざし〟は、時の流れを超えて伝わってきた農の文化である。これも「めぐみ」の一種かもしれない。

さて、ここで生まれる「言葉」がとても大切である。言葉こそが、「農のめぐみ」を伝えることができる。家族を、住民を、消費者を、田んぼに誘うことができる。このことを従来の「農政」はほとんど重視してこなかった。なぜなら「生産」が中心だったからだ。ここに来て、「食べもの」や「自然環境」や「生きもの」が話題にあがるようになると、新しい自前の、地域からの表現でないと、実感が語れなくなった。その語りを引き出し、鍛える場を提供するような「農業政策」がやっと、地方から生まれたことは既に述べた。

たぶん、「生きもの調査」の最大の成果は、百姓と地域住民の体の中に生まれた「実感」と「言葉」だろうと思う。言い換えれば百姓本来の豊かな〝まなざし＝世界認識〟だったのだろう。

生きものの名前を呼ぶ

（1）名前とは

稲が喜んでいるときに、稲が苦しんでいるときに、百姓は稲を呼ぶのである。もちろん「イネよ！」などと呼びかけたりはしない。情念で語り合うのである。それは寝床に入っていても、聞こえてくる声である。けっして名も知らぬ草との間には、こうした関係は成り立たない。百姓は、どのような百姓であっても、一生のうちに、数百の生きものに、命名する。このことの意味はとても大きい。

不思議なようだが、日本では今まで、田んぼですら生きものの全種リストは存在しなかった。農と自然の研究所のプロジェクトで、表2-3のような概要が明らかになっては来たが、虫や動物が約二三〇〇種、植物が一七〇〇種ぐらいだと思われる。百姓として、これほどの生きものの名前も知らないで、死んでいくことを、どう考えたらいいのだろうか。宮崎県の椎葉の焼畑をしていた百姓は、実に五〇〇種類余りの植物の名前を覚えているそうだ。しかも、その草がいつ芽生え、いつ実り、どういう性質かまで、よく知っているそうである。もちろんこの時の名前は、椎葉の言葉（方言）だろうが、いかに昔の百姓が、生きものと深くつきあっていたかの証明で、胸が熱くなる。また「昔の人はそうだった」と逃げてばかりでいいのだろうか。

きっぱりと言うと、明治以降の日本の農学に導かれてきた、「近代化農業」では、生きものの名前を新たに覚える必要性がなかったのである。むしろ、生きものと百姓の関係は冷え切ってしまった。（それに対して、「虫見板」は最後の戦いを挑むような趣がある。それを、子どもたちは喜んで、楽しんで使っているわけである。子どもたちから名前を尋ねられるという経験は、百姓にとっても、自分と生きものとの関係を問われることだ。自分の技術を見直す、いい機会と受けとめるから、広がり続けるのだ。）

「現在の百姓だって、稲の品種名や導入天敵の名前は、すぐに覚えるよ」と反論されそうだが、それは肥料や農薬や機械の名前と同じ次元のことでしかないだろう。対象ではなく、手段だから、命名しなければ困るという動機があるのである。

そこで、伊東静雄（一九〇六－一九五三）の短歌を思い出す。

「草陰の　名も無き花に　名を言いし、初めの人の　心をぞ思う」

たしかにそうだと思う。こんな気分はリンネ学者の末裔である日本の農学者には理解できないかもしれない。初めて、田んぼの生きものに名を呼んだ百姓の不思議さに、驚くことはないだろうか。しかし、すべて百姓はこの感覚を体験しているのである。

たとえば、田んぼの水の中を、一ミリ程のゲンゴロウとおぼしき虫がさかんに泳いでいる。一株に数匹はおろうか。私には、名前がわからない。「わからない」と思うのは、私に「知りたい」という欲望が、少しは生まれている証拠である。私なら、そのうちに、ゲンゴロウの専門家に出会い、名前を教えてもらうこともできるだろう。しかし、普通の百姓なら、そういう機会に出くわすこともないままに、一生を終えるだろう。

それよりも、この小さなゲンゴロウに気づくことのない百姓がほとんどで、気づく百姓は、全国に五〇人もいるだろうか。いやいや、気づいている百姓はもっといっぱいいるのだろうが、「何だろう」と気に留めることがないのだ。こういう場面で「生物多様性」は、百姓の背中を押すことはないように思える。百姓の背中を押して、「ああ、これがチビゲンゴロウというのか。本当に多いな。一株に五匹はいるよ。」と踏み込ませるのは、農業技術の役割なのである。しかし、近代化技術には、こういう動機を生み出すものが見あたらない。だから、新しい「環境技術」はそれを提供するものでなくてはならない。

（2）二つの命名の方法

そこで、もう一度振り返ってみよう。名前を覚える（個人的な命名）ということは、自然の全容を認識する「科学」（Aと呼ぶ）と、くらしや仕事の中で自然に（場合によっては、必要に迫られて）覚える（名付ける）という（Bと呼ぶ）二つの方法があったのである。ここで、注目すべきは、AとBの関係である。私たち現代人には、Aの方が圧倒的に詳細で正確で、記載種も多いと思っている。しかし、前述の宮崎県椎葉地方の百姓のように、「科学」が登場する前は、いや登場しても、BがAよりも、深く詳しいことは珍しくなかったのである。

ところが、現代では、Bの経験者から名前を習うのではなく、Aとして、教育で、書物・図鑑で、名前を教えられる。Bのほとんどは、「方言」だから、いよいよ全国共通の「教育」や「学問」のスタンダードにはなりようがない。これでは、Bは「民俗学」や「方言辞典」などの中に、保存され、廃れていくのである。

しかし、可能性がないわけではない。私の経験で語ろう。私は田んぼの群舞する「赤トンボ」の標準和名を長いこと知らなかった。子どもの頃も、つかまえて遊んでいた赤トンボの呼び名は「精霊《しょうりょう》へンボ」だ。今の在所で百姓になったが、この地での呼び名は「盆トンボ」である。このトンボが図鑑には「ウスバキトンボ」（薄羽黄トンボ）と表記されていることを教えてもらったときには、かなり感動した。なぜなら「東日本の秋アカネではないことを認識できたし、これからは、日本全国で、九州の赤とんぼの独自性を語ることができる」と思ったからだ。それは、決して精霊へンボという呼称を捨てることではなく、生かす道なのである。Aは、Bを滅ぼさないために、使うこともできるのである。したがって、ややうるさく感じることもあろうが、図鑑はＡとＢが併記されたものが望ましいと思う(3)。

ある草が生えている。その草をとり、その除草という行為の全体を情念を込めて、人に語るときに「名前」が生まれる。「あの小さな草」では済まなくなるぐらい、丁寧な表現が必要とされるときに、「名前」が必要になる。こういう土壌があるから、Ｂが伝えられてきた。しかし、除草剤が普及すると、草の名前を覚える暇があるなら、新しいよく効く除草剤の名前を覚える方が有効である。まして、その除草剤の効果で、草が少なくなると、もう草の名前を覚える必要性も遠ざかる。

実は田んぼの中の雑草の、八〇パーセントは、稲と競合しない。つまり「害草」ではない。除草する必要もない。それなのに、除草剤で枯らしている。そのことを意識することもない。気づくこともなく、一生を終える百姓も多いだろう。それで、「何の不都合もない」と言い切れるだろうか。

やがて、田んぼに除草剤の効かない草が生え始める。草にも抵抗性が発達することが、明らかになってきた。その草に、青く大きな横縞の入ったイモ虫が着いていて、葉をかじっているのを、青年の百姓が見つけたとする。彼は興味をひかれ、「派手青虫」と自分勝手に名付け、呼ぶようになったとする。彼はある日、「田んぼでは黄アゲハも生まれている」という本を読む。そしてその幼虫の写真を見たときに、「あっ、あの派手青虫は黄アゲハの幼虫だったのか」と気づく。「黄アゲハ」という新しい名前のほうが、伝わりやすい。それはそれが、Ａだからである。やがて、彼は、黄アゲハを自分が「派手青虫」と呼んでいたことも忘れてしまうだろう。しかし、彼は命名したのである。しかも、彼は二度までも命名したのである。一度はBを。そしてもう一度はAを。

私は、AでもBでもいいと思っている。名前は、自分が自然とつきあうときの記号だ。名前の正確さや共通性よりも、その名前をつかって、その対象との距離が縮まればいいのである。その生きものに対する情念をも、Aに込めて生きていくのだからである。

私は、もう一度Bの世界の復権ができないだろうかと夢想する。いくらAが、学会で蓄積されて行っても、Bの世界が衰退していくなら、生きものとつきあい、生きものを守ることはできなくなっていくのではないだろうか。実はAは、Bを支えるためにあったのではないだろうか。

有用性を乗りこえる

それにしても、不思議だと思わないだろうか。稲は稲だけで育てばいいものを、わざわざ稲を食べる害虫まで、引き連れている。そして、害虫は天敵を引き連れている。さらに「ただの虫」まで、寄ってくる。だから田畑は、生物多様性に満ちあふれている。自然は生きものの関係の網で成り立っている、と言ってもいい。私は若い頃、挙家離村で田んぼがなくなると、真っ先に滅ぶのがスズメだと聞いて、感動したことがあるが、今考えるとそういうことは当たり前のことで、害虫などは同時に滅ぶのである。独立して、孤立している生きものなど、一種もいない。それなのに、害虫を駆除し、排除し、防除しようとする気持をことさら肥大化させるのは、心の病気かもしれない。近代が生みだした精神異常かもしれない。しかし、それを農学は全面的に肯定してきた。

それは、稲を食べる人間は、全面的に肯定され、同じ稲を食べる害虫は、その生存さえ許されないという精神構造に立脚している。私たちが「共存」と言うのなら、まず害虫との共生を身につけないといけない。それを、もともと農業は目指してきたのではなかったろうか。決して、人間だけが安全な食べものを食べることを、目指してきたのではなかったはずだ。

こうした時代に生きる害虫の哀しみは、私たち人間の哀しみと同根ではないだろうか。こうした哀しみを抱いたときに、また生きもの同士の喜びも見えるような気がする。ここに、私は「農」の、豊かな可能性を見る。人間が生きものとして、自然の中で、人間らしく生きていくために、どういう〝まなざし〟が有効か、を共に考える時間が、百姓には失われてはいない(4)。

人間はそこにいるだけで価値がある、と教えられる。役に立っているかどうかは二の次である。ところが近代化された社会では、役に立たないと、愛されていないと、存在価値がないような雰囲気で、人間として生きにくい社会になっている。虫を見る眼にもそれはよく現れている。「ただの虫」など、歯牙にもかけないのだ。だから、私たちは必死でその存在価値をこれから、証明せねばならないが、ほんとうは証明しなくても、生きていていいのである。

近代化される前の昔の人は、その点では偉かった。すべての生きものには(植物や山や川や風にも)、タマシイが宿っていると考え、人間と同等に見ていたのだから。それを非科学的だとして、切り捨てることは簡単だ。そうではなく、そういう天地有情の世界に、科学の精密な知識を、「重ね描き」することなら、科学も拒む理由はないだろう。

一二月だというのに、畦にはあきれるほどの紅色の仏の座が咲き乱れ、空にはユスリ蚊の蚊柱が不思議な模様をつくって舞っている。こういう世界にわたしたち百姓は生きている。天地は、ずーっと有情であったし、これからも有情でなくてはならないだろう。(5)

先日も、若い百姓がヨモギも知らないのに驚いていたら、「ヨモギは知らなくても、農業経営はできます」と逆襲され、これを論破することに汗だくだくになった。ヨモギはまだ有用性が少しは残っているが、これをヘビイチゴや星草やチビゲンゴロウに置き換えてみると、農学の中の大きな空洞に気づくだろう。

従来の農学のように、経済面だけの有用性の世界だけで、この対象と人間の関係を解明できるとは思えない。その有用性とて、交換価値だけの範囲に限定されていたのが農学の歴史だった。そこで、農学がすっぽり呪縛されたままになっている有用性に対峙し、これを超えていく方法を、考えてみる。つまり、情念を土台にしながら、さらに非経済、使用価値・内在的な価値・本質的な価値、という領域を重ねて見ることにする。

象徴的な問題を提出してみよう。一〇アールあたり、六〇〇キログラムの米がとれるが、赤とんぼは一〇匹しかいない田んぼ（あるいはそういう事態を招来した百姓仕事）と、四〇〇キログラムの米しかとれないが、赤とんぼは五〇〇〇匹も生まれている田んぼ（そういう百姓仕事）では、どちらが価値があるだろうか。交換価値（経済価値）で判断するなら、前者の方がはるかに価値がある。しかし、赤とんぼ一匹あたり一〇円の環境支払いが実施されるようになると、経済価値ですら逆転する。それは、今まで有用性が認められなかった赤とんぼに、環境支払いを実施せざるをえないほどに、有用性が認められるようになったからだ、とはたして言えるだろうか。

もともと有用性（内在的価値）はあったが、経済価値がなかっただけの話ではないだろうか。それでは赤とんぼの有用性とはどんなものだろうか。それを計る指標は科学的には存在しない。しかし、米なら六〇〇キログラムと計れる。たしかに赤とんぼも五〇〇〇匹と計れる。計る尺度がないわけではないが、数える意味が一般化されていないだけである。赤とんぼが何匹生まれているかを調べるのは、難しいことではない。しかし、米の収穫高を計るのは、その経済価値を勘定するためだけではなく、むしろ生産技術を評価するためである。分けつ数や穂数や籾数や食味を測定する延長にある。このように農学が有用だと認定し、経済価値が裏打ちする世界は、緻密な指標化が行われてきた。この面の農学の貢献は計り知れない。

もし、赤とんぼ一匹が一〇円になったら、指標化が進むだろうか。大きなとまどいと混乱が、農学を襲うかもしれない。つまり、有用性を認識する感性が、経済価値の肥大に伴って衰えてきているのである。そこで、それを補う工夫（思想や政策）がやっと浮上せざるをえなくなった。

有用性などよりも広大な世界

さて、ここまで論じてくると、これ以外にも有用性に囚われない世界があることに気づくことだろう。それは、「善」や「愛」や「情念」と呼ばれたり、「タマシイ」と名づけられたり、「呼び声」と呼ばれたりしているものに向き合う人生である。うっかり草刈り機で切ってしまったヤマカガシのために、家に戻り、その場で線香を焚く百姓を、ただ宗教心に篤い人柄だとかたづけることで、「生きること」や「時間」の本質に迫ることを忘れてはいないか。雨脚が強くなった夜に、稲の呼び声を聞き、田んぼに駆けつける情念を、減収へのおそれと誤解してはいないか。産業としての農の土台に、未だに「生業」としての農が失われていないことを、様々な局面で再発見していこうではないか。

そこで、もうひとつの対策が見えてくるだろう。有用性のないものを豊かに表現することである。あるいは、有用性のないものの豊かさを表現する、と言ってもいい。

それは、現在では、いかに多くの「非近代化尺度」を提案できるかにかかっているだろう。その雄弁な一例を、福岡県の「生きもの目録づくり」への「環境支払い」政策に見つけることができる。この地方の政策が、注目されているのは、単に減農薬や減化学肥料の技術に支払われるのではなく、百姓自らが生きものを調べ、生きもの目録を作成し、めぐみ台帳として表現する、この一連の営み全体を支払いの対象にしているからである。ここから、非近代化尺度として最も有効な「生物指標」が生まれ育とうとしている。

もちろん、詩も歌も音楽も、すべての芸術は軽々と有用性の足かせから解放されている。いつから農学と芸術は疎遠になったのだろうか。どうして、工学にはあるのに農学には、美学がないのだろうか。私は、別に芸術ではなくても、もっと百姓の個人的な表現の方法を提案する農学があらねばならない、と思う。日々の百姓仕事の中で、くらしの中で、発見したり、驚いたり、気づいたり、話したくなったりしたものを、口でも、文章でも表現することの意味を称揚しようではないか。

ただの価値

人生の手ざわりと実質は、経済ではなく、自分の中に流れる情念と、生きもの（人間も含む）との交感にあるのではないだろうか。たしかに、去年の収穫高や所得は、記憶にしっかり残っている。それは数値化できており、記録にも残しているからだ。それに比べて、去年の七月二〇日の銀ヤンマの羽化のみずみずしさや、八月一〇日の涼しい田んぼの風は、もう記憶に残っていない。「ああ、百姓していてよかった。」と、銀ヤンマを見つめ、風に身をまかせながら、その時は感じていたのに、である。

人生とはそういうものだ。こういう無数の小さな充実と感動の集積に支えられて、私たちは生きている。所得や名誉やプライドといったものは、こういう日々の実感の上部に構築した「方便」に過ぎない。その証拠に、仕事に没入しているときは、すべてを忘れているではないか。

「生きものから立ちこめてくる〝情念〟がある」と発言すると、きまって「それは、生きものに対するあなたの感情にすぎない。生きものに情念などあってたまるものか」と、反論される。つまり、情念とは、人間の感情であり、あくまでも私が、対象に対して感じているもの、つまり私の主観である、と決めつけたいのだ。

しかし、それは自然と一体になったことがない現代人の妄言だ。生きものと一緒に生きていることを実感したことのない人間の思いこみだ。田んぼの上のトンボの羽の輝きに、つい時を忘れ、我を忘れて見とれている数十秒は、生きものと人間が交感している時と場である。このときに、私の存在は主観と客観に分離していない。感性で捉えて、理性が整理しているわけではない。対象からの光を私の目がとらえて、感じ、感情が生まれているのではない。たしかに赤トンボから立ちこめてくる情感があり、私は体全体でそれを受けとめているのである。

なかなか、このことは説明しにくいので、実体験で示すことにする。中学生に授業をすることがあった。夏の昼下がりで、窓から教室いっぱいに涼しい風が吹き込んでいた。そこで私は生徒たちに、こう尋ねてみた。

「窓から入ってくる涼しい風と、クーラーの風とでは、どちらが気持ちいいと思う」

すると、八割以上の子どもたちが、「自然の風の方が気持ちいい」と答えたのだ。

「どうして窓から入ってくる風の方が気持ちいいか」と問われるなら、私たち大人は、感性で違いがわかるからだ、と答えるだろう。それならば、科学的に分析して、自然の風と同じ香り、同じ緑の成分、同じような微妙な揺らぎをもたせた風をクーラーから吹き出させてみたら、自然と同じ風になるだろうか。決してなりはしない。つまり、全く科学的には同じ風でも、自然の風には情感が豊かで、クーラーの風にはそれがないのだ。

「そんな馬鹿な。いくら成分が強さが同じでも、クーラーの風は自然の風とはちがうという先入観が働いているからだ。」とあなたは反論するにちがいない。その通りだ。クーラーの風は、人間がコントロールできる風である。常に人間の主観が感じ、客観的に表現できる世界のものだ。主観と客観が分離された、近代的な、科学的な、認識方法の世界でとらえているのである。ところが、自然の風は、自分の力ではどうすることもできない。だから、身を任せてしまうのである。自分を忘れて、風の中に包まれてしまう。そういう状態でとらえるから、風を無心に迎えることができるのだ。つまり、風と一体になることができるのである。これが、私たちには、そして子どもたちにも、心地よいのだ。風のとらえ方が、まったくちがうことに、着目してほしい。

　私たちはいつの間にか、自然現象を科学的に、客観的に分析しようとするようになっている。その傾向が進めば進むほど、私たちの自己は肥大化していく。そして、人間の力によって、分析・把握できるという自負が強くなればなるほど、風を全的に受け止める姿勢は、反対に衰えてきた。

私たちは、科学的に考え、客観的にとらえようとするときには、むしろつかむことができないものがあることに気づくべきだろう。客観と主観を分けて考えることをやめて、身を任せて、まるごと感じてとらえる力を取り戻せば、生きものから立ちこめてくる情感の豊かさに身を浸すことができるのである。

風と一体になって、風に包まれるときに、風が心地いいのか、自分がそう感じているのかなどと考えることはない。風から立ちこめる情感に、自分の風に対する情念が反応し、渾然一体となるのだ。そこで、風を生きものに置き換えてみてほしい。（かつては、風も生きものであった）。稲でもいい。川の流れでもいい。空を流れる雲でもいい。「ああ、百姓していてよかった」と感じるような感動に、しばしば私たちは襲われる。そうした感動の嵐の中で、私は人間であるというよりも、生きものの一員になりきるときがある。私たち現代人とて、まだまだ近代化され尽くしてはいないのである。とくに、百姓は。

さて、私が何を主張しようとしているのか、本当のねらいは見えてきただろうか。生きもの調査は、生きものとつきあう仕事をどうにかして復権させるための方策である。それは、近代化の暴走に歯止めをかける最後の砦なのである。人生から、生きものとのつきあいを失ったら、農は農でなくなる。田んぼに生きるとは、そういうことである。

註

（1）宇根豊・赤松富仁・日鷹一雅『減農薬のための田の虫図鑑――害虫・益虫・ただの虫』（農文協、一九八九）

（2）生きもの調査に参加した百姓には、一〇アールあたり五〇〇〇円と一人あたり一三〇〇〇円の「環境支払い」が行われている。

（3）しかし、いつのまにか私も「ウスバキトンボ」を使う機会の方が多いのである。「精霊ヘンボ」を使う場がなくなっているからである。この悲しみを、語るのも新しい学である。

（4）池に、舟が浮いている。舟も含んだ池が「農」で、舟が「農業」である。もちろん、舟はカネになる世界を象徴している。しかし、農には、カネにならない池そのものも含んでいる。池が干からびてきているのに、農業だけを論じているわけにはいかないだろう。

（4）大森は『時は流れず』の中ではこう言っている。「では主客対置を撤回すれば何が起こるというのか？何も起こらない。もともとの静穏な事態が復元されるだけである。山川草木に対して、それらを見る主観などは跡形もない。そこにあるのは、もともとの経験そのものである山であり川であり草木の繁りである。浅薄軽薄なダミ声で主客未分とか主客合一だとかはやすだろうが、それは無視したほうがいい。自然と一体！　などという安っぽい掛け声も聞かぬふりでよい。ただ、われわれの何百万年前の祖先がしたであろうと同様に、この純粋無垢の山川草木を楽しみ、そのなかで生きることである。」しかし、それだけでは済まないだろう。

コラム　3

水田雑草の自然誌

藤井伸二

水田と雑草

水田は水稲栽培のための空間である。その目的から考えれば、水稲以外の生物群は不要な存在だ。水田を住処としている生物群の一部には、収穫の邪魔や障害になったり、あるいは米の品質や収量を低下させたりするものも含まれており、それらに対しては積極的な駆除・防除が行われることもある。一方、水田は多収を目的に灌漑と施肥が行われるため、土壌養分の豊富な水湿地環境であることが特徴だ。水分や土壌養分の面から見れば、水田は水稲以外の植物にとっても都合のよい環境であり、多数の水生・水湿地性の植物が繁茂する。こうした水田に繁茂する植物群にたいして、しばしば「水田雑草」という言葉が当てられる。では、「水田雑草」という言葉は具体的に何を指しているのだろうか。水田に生育する植物全般を指すと理解している人もいるし、水稲栽培に何らかの悪影響を及ぼす植物（＝害草）として理解している人もいる。一方、水田と畦畔《けいはん》の両方に生育する植物を「水田雑草」と呼んでよいのかという疑問やさらには「絶滅が危惧される水田雑草」という表現への困惑はないだろうか。こうした曖昧さや漠然さが、水田雑草への正しい理解の妨げになっていることは否定できない。「水田雑草＝排除すべき悪者」という先入観にはそれなりに正しい部分もあるが、その一方でそれ以外の部分を顧みようとしないがゆえの思い込みを導くこともある。ここでは、水田雑草の生活史特性と水田環境との関係を考えることで、実像とその理解に迫りたい。

「雑草」を正確に定義することは難しい。これは、雑草という概念が人間活動の中で認識されたものであり、雑草の認識にも人間活動の多様性に応じた多様性があることに起因する。W. Holzner氏による「人為環境下によく生育し、かつ人間活動に干渉する植物群」という包括的な定義は[1]、多様な雑草の実像を端的に表現している。「雑草」を人間活動との関わりを中心に捉える場合には、「望まれない場所に人の手助け（栽培や播種など）無しに生育し、役に立たない、嫌われる、人畜や作物に害を与える[2]」といった特性をあげることができる。一方、生物学的な特徴を中心に捉える場合には、「開花までの生長期間が短い、自家和合性、高い種子生産力、高い種子散布能力、発芽特性の多様化、多年草における高い栄養繁殖能力[3]」などの特性をあげることができる。しかし、これらの特性は、雑草とそうでないものを区分する明瞭な基準にはならない。例えば、「作物に害を与える」と言っても、どの程度の害であれば雑草として認識されるのか不明であるし、収穫や農耕労働の中での被害や障害の認識程度は人によって異なることも多い。「生長期間が短い」という生物的特性をとってみても、どのくらい短ければ雑草とすべきかについての明確な基準は設定されていない。

また、右に挙げた多数の特性のうち、どれか一つでも持っていれば雑草と認識されるに十分なことも多い。こうした例からもわかるように、「雑草」を一義的に定義することは困難だが、Holzner氏の包括的な定義[4]に従って他の野生植物や栽培植物から雑草を区別するべきだとする山口裕文氏の主張[5]にはそれなりの説得力がある。

右記の内容をふまえれば、「水田雑草とは、水田によく生育し、かつ水稲栽培になんらかの干渉をする植物群」と表現できる。表現としては単純だが、その内容はたいへんやっかいである。養分の収奪などによってイネの生長に影響を与えるヒルムシロやコナギ、そして収穫の際の混入によって米の品質を低下させるイヌビエなどは比較的わかりやすい有害雑草だ。しかし、オオアカウキクサは、その空中窒素固定能を利用して緑肥に用いられる一方で、水田一面に繁茂して水稲の生育を阻害することもあり、有用植物と有害植物の二面性を持つ。さらに、農耕方法の違いやその変化によっても干渉の度合いは大きく変化する。牛馬による鍬耕《しゅうこう》とトラクター耕耘《こううん》では鍬やローターに絡まって作業能率を低下させる植物種に違いがあるかも知れないし、人力による刈り取り収穫とコンバイン収穫では混入種子の植物種に違いがあるだろう。水稲栽培だけの場合にはそれほど問題にならないノミノフスマやスズメノカタビラのような冬緑植物も、裏作を行う場合には大きな問題になる。また、外来植物のホソバヒメミソハギ、ヒレタゴボウ、アメリカアゼナなどは新参者の水田雑草として認識されるようになっている。このように、水田に生育する植物が水稲栽培に与える干渉の程度は、営農方法とその歴史に依存して大きく変化する。

では、水田雑草とは具体的にどのような植物だろうか。浅井元朗氏は「主要な日本の水田雑草とその区分」として合計七〇分類群（藻類を除いた数値）を挙げている(6)。この例では沈水性のイバラモ属植物が抜けているが、水稲の生育期間中に水田に生育する植物種が多く挙げられており、さらに水田で繁茂する性質の強い植物が大半を占める。雑草という概念が人間活動への干渉である以上、「繁茂」という特質が重視されるのは必然の結果だろう。では、水田に生育する植物の中から繁茂しやすい植物を抽出できるかと言えば、これが簡単なことではない。営農方法には地域差があるだけでなく歴史的にも変化しており、それに従って繁茂しやすい植物も異なる。今は繁茂していなくてもかつては強害雑草であったかもしれないし、将来そのようにならないという保証もない。結局のところ、「水田によく生育する植物すべて」を潜在的な水田雑草と捉えるのが最も無難であろう。また、「希少であっても水田環境への依存性が高い植物」は水田雑草として捉えるほうがよい。これは、後述のサンショウモのようにかつての水田雑草が現在は絶滅危惧種になりつつあると考えられる例があるからだ。

攪乱環境への適応戦略

水田は水湿地環境の一種である。このことは、水稲が水草の一種であることからも自明だ。水湿地環境としてみたときの水田の一般的特徴として、浅い水域（湿地）、泥底、富栄養、農耕による強い人為攪乱、水稲の優占繁茂などを挙げることができる。はじめの三つの特徴は氾濫原やその後背湿地でも普遍的な環境条件だが、後の二つは水稲栽培に起因するものだ。現行の水稲耕作では、田植え直前の耕起《こうき》と代掻き、田植え、田植え後〜収穫期の除草（夏季に一時的落水の行われることもある）、稲刈り（収穫）などが主要な農作業であり、これらの一連のサイクルに従って水田環境は季節的に大きく変化する。代掻きは冠水と土壌の大規模攪乱をもたらし、それまで生育していた雑草が一掃されて裸地的な浅水域環境が形成される。田植え後〜収穫期には、イネが優占繁茂することと除草剤散布による化学的な攪乱が顕著である。稲刈り後には、優占植物のイネが一掃されて裸地的な湿性環境が出現する。こうした大きな環境変動が毎年必ず繰り返されることが水田の特徴であり、通常の自然条件ではそのような環境変動の周期的サイクルはまず起こらない。環境が短時間で大きく変化するには大規模な攪乱が必要で、水田では決まった時期に代掻きや稲刈りといった大規模攪乱が起こるが、自然環境では増水や洪水などの大規模攪乱が毎年決まった時期に起こるとは限らない。また、水田では常に除草による攪乱があり、人力による除草は水田雑草にとって小規模な攪乱（労働力の投資量によっては大規模攪乱にもなりうる）だが、除草剤散布はかなり大きな攪乱と言えるだろう。水田雑草を考える場合、水湿地としての一般的な特徴に加えてこのような代掻き、稲刈り、除草等の人為攪乱はたいへん重要な特徴である。

攪乱的環境が有する特徴の一つに、不安定に変動する環境の将来予測が困難なことを挙げることができる。水田雑草にとって、耕起や除草のような人為的攪乱の時期やその規模を予測することは難しいだろう。逆に、安定的な環境では変動性が小さいかあるいは予測可能な定期的な変動が存在しており、例えば原生林では四季に対応した予測性に富むゆるやかな環境変動を除けば、目立った変動はない。では、攪乱的環境下における適応的な生活史戦略とはどのようなものであろうか。数理モデルの予測によれば、予測性の低い攪乱的環境下では個体の競争力を犠牲にして繁殖力を高める生活型が適応的となり、逆に予測性の高い安定的な環境下では繁殖力を犠牲にして個体の競争力を高める生活型が適応的となる。繁殖力を高めるには、栄養繁殖能力（植物断片からの再生や殖芽の形成など）の発達、栄養生長期間（発芽から開花までの生長期間）の短縮、大量の種子生産（種子への大量の投資）、確実な結実（自家受粉など）といった方法がある。水田雑草での栄養繁殖の例としてデンジソウ、アカウキクサ類、オモダカ、ウリカワ、ウキクサ類、クログワイ、開花までの生長期間が短い例としてミズマツバ、アブノメ、サワトウガラシ、ホシクサ、タマガヤツリ、大量の種子生産を行う例として一株あたり五千〜六千粒の生産記録のあるイヌビエ、タマガヤツリ、二千粒以上の記録のあるキカシグサ、アブノメ、コナギ、タイヌビエ(7)、確実な結実を行う例として閉鎖花による自家受粉機構を有するマルバノサワトウガラシ、アブノメ、アゼナなどを挙げることができる。また、攪乱の強弱は一年生と多年生という植物の基本的な生活型にも大きな影響を与える。一年生植物はすべての光合成生産物を一シーズン中の繁殖に投資して種子生産を行い、結実後にその個体は枯死する短命な生活型である。一方、多年生植物は種子生産に分配する資源を制限し、一部の資源を翌年以降の繁殖に備えて個体の生存と維持に分配する生活型だ。こうした生活型の違いは種子生産効率に大きく影響し、個体あたりの種子生産への資源分配割合は多年草よりも一年草で高くなる傾向がある。前述したように攪乱的環境では大量の種子を生産することが適応的なので、

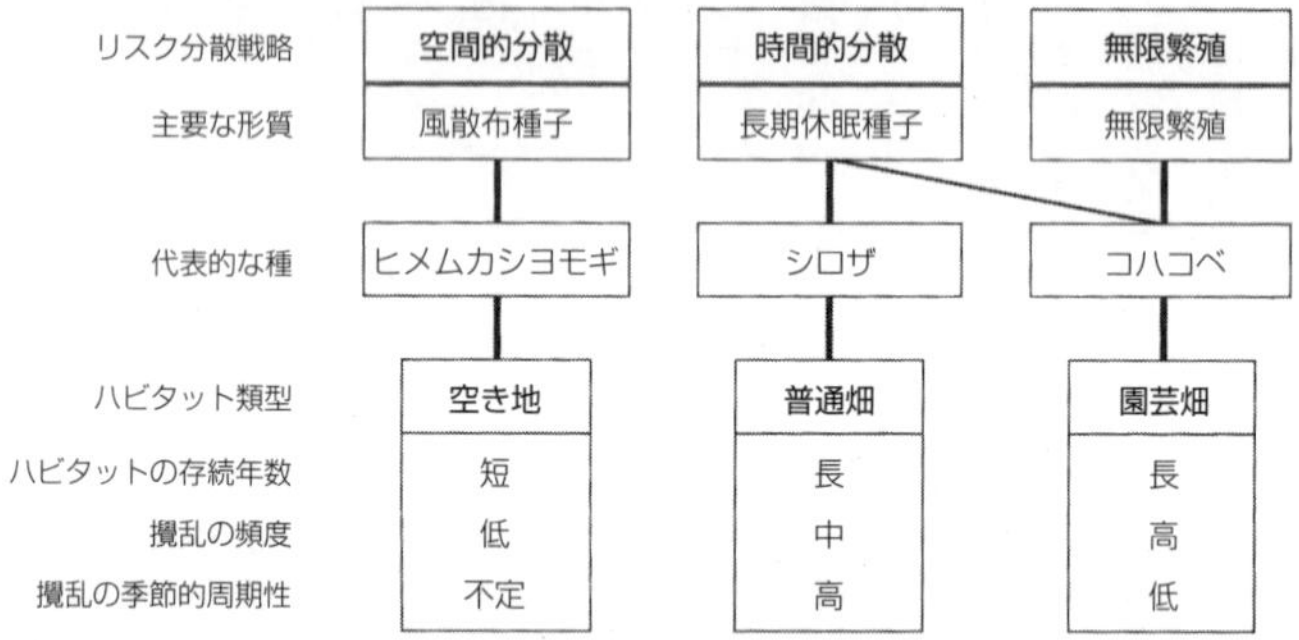

図1　一年生雑草におけるリスク分散戦略の概念図（三浦 2007）

種子への資源分配割合の高い一年生植物のほうが多年生植物よりも有利になる。

三浦励一氏は、一年生雑草の生活史戦略の進化についてユニークな論考を行っている(8)。それによれば、撹乱によるリスクを回避するための方法として三つの方向性があるとされる（図1）。一つ目は、他の植物が生育しない空き地を利用するような植物に想定される生き方で、新しい生育場所に効率よく到達する手段（風による種子散布など）が重要と考えられる。種子を広い範囲に散布することで、空間的にリスクを分散させる戦略である。二つ目は、除草等の撹乱が季節的な周期性を持つ場合で、除草周期を回避した生長期間とそのための発芽時期が重要となり、さらに輪作・休閑・除草時期などの撹乱周期が変更された場合の保証もある程度必要だ。この場合、埋土種子集団を形成して種子の発芽時期を分散させることが適応的になる。発芽時期のばらつきによって、時間的にリスクを分散させる戦略である。三つ目は、除草等の撹乱頻度が高くて周期性に乏しい園芸畑のような環境にみられるタイプで、植物体が小さいうちから開花・結実を始めてそのままだらだらと生長と結実を続けていく生き方である。このような繁殖を行えば、不意の除草に遭遇した場合にもある程度の種子生産量を確保でき、除草されない場合には多数の種子を残すことが可能だ。効率はやや悪いかも知れないが、恒常的な種子生産という無限繁殖によって種子生産が無になるリスクを回避する戦略である。

先の三浦氏の提案したこれら三タイプの生活史戦略は、一年生の荒地植物（ruderals）と耕地植物の比較研究から生まれてきたものなので、そのまま水田雑草に適用するには問題がある。しかし、三つの方向性を水田雑草で検討することは有益であろう。水流によって植物体が分散できるウキクサ類やアカウキクサ類などは空間的リスク分散戦略の性質を持つと予想される。また、イバラモ類では鳥散布が想定されるので、そのような視点から見直すのも面白い。殖芽の発芽時期が分散するクログワイ[9]や種子が二次休眠を行うタイヌビエ[10]は時間的リスク分散戦略を持つと言えるだろう。ミズアオイやコナギのように埋土種子を形成すると考えられる水田雑草もこの戦略を持つと考えられる。一方、無限繁殖戦略的な植物を水田雑草で見いだすことは今のところ困難だ。なお、殖芽《しょくが》を持つ水田雑草の多くは日長反応によって殖芽形成開始のタイミングが制御されているが、ウリカワは日長と無関係に出芽後五〇～六〇日後に殖芽形成を開始すること[11]から、無限繁殖戦略的な性質を持つと解釈することも可能だ。ここで注意しておかなければならないのは、水田環境の一般的な特性が時間的リスク分散戦略を導き出しやすい季節的な周期性を持つ攪乱環境であることだ。それゆえ、三つの生活史戦略については、各種の水田雑草が持つ性質の適応的な方向性の指標として理解するのがよいだろう。

水田雑草の多様な生活史

前節で述べたように水田雑草の生活史戦略にはいくつかの方向性がある。そしてそれを実現するための生活史型は必ずしも択一的なものではなく、一つの生活史型を極めるものもあれば、相反する生活史型の中庸を選択するもの、両立可能ないくつかの生活史型の組み合わせをおこなうもの、あるいは両賭け戦略をとるものなど、それぞれの種によって様々なバリエーションがあってよい。ここでは、いくつかの具体例を示しながら、水田環境での生存戦略を考えてみたい。

最初の節でも述べたように、水田は植物の生長にとって水分条件と土壌養分条件の良好な環境である。仮に除草等の人為攪乱がなければ、様々な種類の水田雑草が旺盛に繁茂することは明白だ。このとき、水田雑草はお互いに厳しい競合関係を持つことになる。生長が少しでも遅ければ他個体に被陰されてたちまち日照不足に陥り、枯死の運命が待っているに違いない。生長に良好な環境とは、そのような競争の厳しい世界であるとも言える。しかし、実際の水田における最大の競争相手は水稲である。では、水稲を凌駕するような生長が有利になるかといえば、必ずしもそうではない。水稲よりも著しく長出して目立つようになればたちまち除草の対象になる。だから、水稲の中にひっそりと身を潜めるほうが除草のリスクは小さいだろう。しかし、水稲に被陰されるのでは死活問題になる。これを解決するには、水稲に化けて水稲と同じように生きるというのが一つの方法である。水稲への擬態である。このような生き方をしている代表格がイヌビエやタイヌビエであり、叢生型のアゼガヤも同様だろう。擬態とまでは言えないが、オモダカやクログワイなども水稲と歩調を揃えて生長する植物と思われる。

では、水稲が優占する水田環境において、微小な植物は生育できるのだろうか。水稲栽培技法の一つに幼苗を定植する田植えがある。この田植えに先立ち、土壌の耕起・冠水・代掻きが行われる。代掻き直後の水田はそれまでの雑草が一掃され、裸地的な浅水環境となる。定植された水稲の幼苗が水面を覆うほどに育つには一ヶ月ほどの生長期間を要するため、それまでの期間は水田雑草にとって良好な日照条件が継続する（図2a）。このわずかな期間の日照を利用して旺盛に繁茂する植物がウキクサ類やアカウキクサ類だ。これらの水田雑草は、一つ一つの個体はせいぜい数センチメートルの大きさだが、ときには田植え直後の水面を全面に覆うほどの一時的な大繁茂をみせる。この場合、先ほどのイヌビエのような擬態の必要はなく、水稲よりもいかに速く生長するかが問題になる。代掻き直後の一時的な環境を利用する生活史を支えているのは、小形の植物体を猛烈な速度で増殖させることのできる高い栄養繁殖能力だ。ただし、小さな植物体であるがゆえに水稲が茂って被陰されると姿を消す運命にある。これは三浦氏の示した空間的リスク分散戦略に相当するだろう。

水稲の被陰から逃れて生育するには、代掻き直後に繁茂する方法の他に、稲刈り直後（図2b）

a

b

図２　ａ田植え後の裸地状態の水田（手前）と水稲の繁茂によって水面が覆われた状態の水田（左奥）、ｂ収穫前の稲に覆われた水田（手前）と稲刈りによって裸地状態に変化した水田（奥）。

の時期を利用する方法がある。これら二つの時期は、次に述べるようにそれぞれ異なった理由によってごくわずかの期間しか雑草には利用できない。代掻き直後の雑草繁茂期は水稲の生長にともなう被陰によって終了する。一方、稲刈り後の場合には冬期の低温に突入することによって雑草の繁茂期が終結する。緯度による気候の違い、農作業スケジュールの地域的な違い、さらには水稲品種の違いにもよるが、雑草の繁茂が可能なのは長くてせいぜい二ヶ月程度の期間であろう。この期間内にできるだけ素速い生長を行って繁殖を終了させることが鍵となる。稲刈り直後に繁茂する水田雑草（図3a）には、ミズマツバ、マルバノサワトウガラシ（図3c）、アブノメ、ホシクサ（図3b）のような微小なものが多い。また、ミズワラビ、タマガヤツリ、イヌホタルイ、ハリイなどは条件が整えば大きく育つが、その一方で一〇センチメートルに満たないサイズでも開花結実できる可塑性を有している。このように稲刈り後〜晩秋にかけての期間に繁茂する水田雑草群のことを水田秋植物と呼ぶことがある[12]。これらの植物は必ずしも秋期のみに出現するのではなく、夏雑草としての生活史を持ちつつ秋雑草としての短い生活史を完結する能力も同時に有している。水田秋植物として成功するためには発芽から開花までの生長期間の短縮と晩秋の低温期における確実な種子生産が不可欠と考えられ、微小な植物体サイズで閉鎖花を形成するアブノメやマルバノサワトウガラシはその代表例と考えられる。興味深いことに、水田秋植物は近年の水田において増加傾向にあるようだ。これは、水稲の早生品種の導入にともなう稲刈りの早期化によって稲刈り後の雑草の生長期間が保証されるようになったこと、さらに分解性・低残留性の除草剤への転換によって秋には除草効

図3　a 稲刈り後の水田に繁茂するキカシグサとアゼナ類、b ホシクサ、c マルバノサワトウガラシ

果が薄れていることにも関係がありそうだ。

同一種であっても水田環境に生育するものと水田以外の環境に生育するものとに微妙な差のみられることがある。ときには、異なる分類群にもかかわらず、水田タイプと非水田タイプの差に共通性が認められる場合がある。その一つの例として、多年草の一年草化を挙げることができる。ハリイ、イヌホタルイ、タイワンヤマイは、水田以外の環境では多年草的な振る舞いを示すのに対して、水田では小形化するとともに一年草的な振る舞いをみせることが多い。これらの植物は一年生と多年生のどちらでも生活できる可塑性を持っているが、水田環境ではほとんど一年草として生活しているようだ。生活期間の短縮化は攪乱環境における進化方向の一つと理解されるので、水田での人為攪乱がこうした植物群への選択圧として働きつつあるのかも知れない。多くの場合、水田型と非水田型は同一種内の生態型と理解されるべきもののようだが、今後の研究成果によっては別種として区別されることもあり得るだろう。実際、スズメノテッポウでは水田型と畑地型にかなり明瞭な形態差があり、さらに地理的な分布パターンも異なることが知られている。北半球全域に分布する畑地型は基本変種ノハラスズメノテッポウ（*Alopecurus aequalis* var. *aequalis*）、アジア北東部に分布する水田型は変種スズメノテッポウ（*A. aequalis* var. *amurensis*）としてそれぞれ区別され、日本では両者が生態的に棲み分けて生育するという(13)。

水田雑草の変遷を紐解く

水田は人為的攪乱環境であるがゆえに、営農法の変化によって攪乱の質や頻度が大きく変わる。近代農業技術の導入による水管理方法の変化や機械化は水田環境を大きく変貌させ、その結果として水田雑草にも多大な影響を与えた。ここでは、農業の近代化にともなって水田雑草がどのように変化したかを考えてみたい。

半世紀ほど前まで家畜や人力に頼っていた耕耘《こううん》、代掻き、田植え、稲刈りが、今では機械によって行われるのが当たり前になった。また、旧来の灌漑設備は一新され、水田にはできるだけ一定の水が維持されるように土地改良や圃場整備が行われている。埋設パイプラインのバルブをひねれば

図4　水田への給水方法の変化：a代掻きに備えて埋設パイプラインから給水される水田、b給水バルブ、c昔ながらの灌漑水路．いずれも近江盆地で撮影。

各筆に農業用水が供給され（図4a・4b）、余剰水は水路を通して排水される。その結果、どの水田にも均質な水環境が実現している。従来の水田では、微地形や排水不良による水条件の不均一さ（過湿など）が普遍的に見られた。しかし、現在ではそのような水田は遠隔地や中山間地の小規模な未整備水田にわずかに残存するにすぎない。こうした水田環境の変貌は、湿田の乾田化として捉えることができる。近代農業における裏作の普及や農作業の効率化および大型機械の導入には、水田の過湿環境を改善することが不可欠であった。そのため、排水不良によって冬季にも湛水状態が維持される湿田（図5a）は、排水可能な乾田（図5b）に造り替えられていった。乾田では、田植えから収穫期までの水稲の生長期間は湛水されるが、秋の稲刈り時期に落水されるとそのまま翌春の代掻き時期まで落水状態が維持される。これは水田雑草にとっては生育環境の激変であった。湛水条件や過湿条件の通年維持が生育に不可欠な植物は、乾田化によって水田から消えてゆくことになる。水田雑草の減少には除草剤使用も絡んでいるので一概に論じることはできないが、サンショウモ（図6a）、デンジソウ、アカウキクサ類、ミズオオバコ、トリゲモ類といった水草類、そしてミズタカモジやホシクサ類のような過湿環境を好む植物が激減した理由の一つに、全国的な土地改良や圃場整備による乾田化の進行が関係していると思われる。

a　b

図5　稲刈り後の水田風景：a 湿田（和歌山県 紀伊田原）、b 乾田（京都市 岩倉村松）。湿田では冬季にも湛水状態が維持され続ける。

　伊藤操子氏は、栽培体系と除草法の全国的な動向に対応した水田雑草の変化を述べている[14]。それによれば、中耕と手取り除草が中心だった時代にはノ

図6　サンショウモ

ビエ（イヌビエ、タイヌビエ）やコナギなどの一年生雑草が中心で、多年生雑草ではマツバイが目立つ程度であった。昭和二五〜四〇年頃に普及した薬剤の一つである2・4-D除草剤の使用にともなって、薬剤抵抗性（=除草剤に対する抵抗性があり、通常の薬剤散布濃度では枯死しない性質）を持つノビエが問題化した。薬剤抵抗性ノビエへの対処としてPCP除草剤やCNP除草剤等が導入された結果、今度はこれらの薬剤に抵抗性を持つマツバイの問題が顕在化した。次いでこれらの薬剤とは異なる除草剤（ベンチオカーブ・シンメトリン）の導入によってマツバイは沈静化したが、替わってウリカワ、ミズガヤツリ、ホタルイ類などの多年生雑草が増加した。このように主要な水田雑草だけを取り上げても、半世紀ほどの間に大きな変化がある。除草剤と薬剤抵抗性雑草の攻防の歴史は、水田雑草が水稲栽培に与える干渉の度合いが大きく変化することを示している。こうした営農方法への多彩な反応とその結果としての干渉度合いの変化が、水田雑草の一義的な概念化を困難にしている原因の一つといえる。

浮遊性の水草であるサンショウモは、かつてはごく普通に見られた水田雑草だ。しかし、地域によっては著しい減少がみられ、大阪府では絶滅危惧種としてリストされるほど希少になってしまった。図7は標本記録をもとに、大阪府におけるサンショウモの変遷を示したものである。[15]戦時中についてはデータが不十分だが、一九五〇年代以降の減少傾向、一九七〇年代の極端な減少、そして一九八〇年代以降の水田環境からの消失といったおおよその変化を読み取ることができる。驚くべきことに、大阪府のサンショウモは単に減少しただけではなく、水田から溜池や堀への生育環境の劇的な転換を行っていたのである。現在の大阪府に限ってみれば、サンショウモはもはや水田雑草とは呼べない。仮説の一つとして、「乾田化による生育環境の悪化と除草剤使用による打撃によって水田から消滅し、溜池や堀へ逃避することで何とか生き延びているという」ストーリーが考えられる。検証にはまだまだデータを集める必要があるが、水田雑草のこうした増減や生育環境の転換要因が営農法の変化に起因することは疑いようがない。

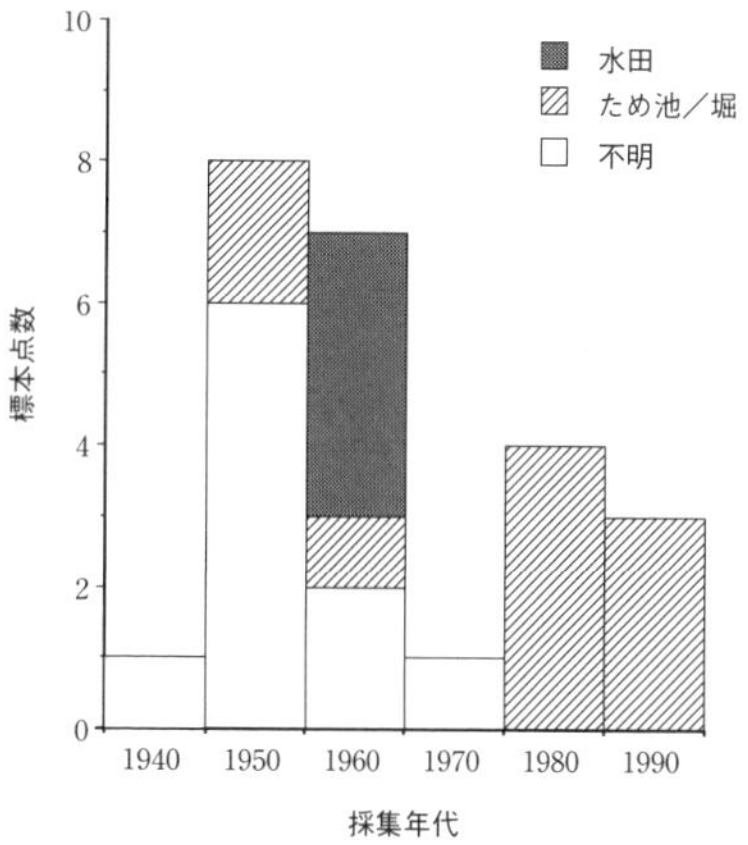

図7　標本記録に基づいた大阪府におけるサンショウモの変遷（藤井 2002）

最後に、広く使用されるようになったスルホニルウレア系除草剤と水田雑草の最近の攻防についての研究例を紹介しよう。スルホニルウレア系除草剤は、植物の生存に必須なアミノ酸の生合成を阻害することで植物体を枯死させる作用を持つ薬剤だ。このスルホニルウレア系除草剤の使用に伴い、水田雑草のアゼナ類から薬剤抵抗性株が日本各地で出現している。これらの

図8　アゼトウガラシ

抵抗性株においては、アミノ酸の生合成に関与する遺伝子がごくわずか変化しており、そのために除草剤は効果を示さない。一二ヶ所の水田から集められたアゼトウガラシ（図8）についての研究[16]では、抵抗性株に五つの遺伝子タイプが見いだされたにもかかわらず、一つの水田では単一の遺伝子タイプのみしかみられなかった。このことから、抵抗性株は各水田で独立に成立し、単一の遺伝子タイプの抵抗性株が一つの水田を埋め尽くすまでに繁茂したと推定されている。除草剤散布を開始したときには抵抗性株はごく少数だったかあるいは存在しなかったはずだ。除草剤散布によってそれまで水田に繁茂していたアゼトウガラシの感受性株（薬剤散布によって枯死する株）は一掃されたにちがいない。また、除草剤散布はアゼトウガラシ以外の他の雑草も枯死させることになる。その結果、水田はアゼトウガラシ抵抗性株だけが繁茂する空間と化してしまうだろう。もしかしたら、たった一個体の抵抗性株が出発点となって水田一面に広がったのかも知れない。この研究は、除草剤の使用がアゼトウガラシ集団の遺伝子構成に大きな影響を与えること示唆しており、除草剤という人為攪乱が水田雑草に及ぼす影響の大きさを示す例であろう。

水稲栽培の歴史は水田雑草との闘いでもあった。現代風に表現すれば、「強害雑草の効率的な抑制」である。しかし、これまで述べてきた水田雑草の諸現象からは、営農方法とともに水田雑草自身も大きく変化している実態が見えてくる。人も雑草も絶えず変化するという両者の動的な干渉関係が今後どうなるのか、これからも水田雑草から目を離すことができない。

註

（1）＊Holzner, W., "Concepts, categories and characteristics of weeds," in Holzner and M. Numata eds. *Biology and Ecology of Weeds* (Dordrecht, Kluwer Academic Publishers, 1982), pp.3-19
（2）＊King, L. J., *Weeds of the world, biology and control* (London, Leonard Hill Books, 1966)
（3）＊Baker, H. G. "The evolution of weeds," *Ann. Rev. Ecol. System* 5(1976), pp.1-24
（4）前掲註（1）を参照
（5）山口裕文「日本の雑草の起源と多様化」（山口裕文『雑草の自然史　たくましさの生態学』、北海道大学図書刊行会、一九九七）
（6）浅井元朗「雑草を見分け、調べる」（種生物学会編『農業と雑草の生態学　侵入植物から遺伝子組み換え作物まで』、文一総合出版、二〇〇七）
（7）笠原安夫「雑草の歴史」（沼田真編『雑草の科学』、研成社のぎへんのほんシリーズ、一九七九）
（8）三浦励一「雑草の生活史戦略の多様性をどう見るか―一年生雑草を例に」（種生物学会編『農業と雑草の生態学　侵入植物から遺伝子組み換え作物まで』、文一総合出版、二〇〇七）
（9）＊＊山岸淳・武市義雄「水田多年生雑草防除に関する研究第八報 クログワイの生理生態特性について」（『千葉県農業試験場報告』一九、一九七八）一九一―二一七頁
（10）山末祐二「タイヌビエの種子休眠と発芽生理」（山口裕文『雑草の自然史　たくましさの生態学』、

北海道大学図書刊行会、一九九七）

（11）**草薙得一「ウリカワの生態と防除」（『雑草研究』二九、一九八四）一一―二四頁

（12）梅本信也・藤井伸二「水田秋植物（Autumn paddy ephemeral）に関する一考察」（『分類』三、二〇〇三）四七―五一頁

（13）長田武正『増補日本イネ科植物図譜』（平凡社、二〇〇二）

（14）伊藤操子『雑草学総論』（養賢堂、一九九三）

（15）藤井伸二「地方版レッドデータブックの成果と問題点」（種生物学会編『保全と復元の生物学　野生生物を救う科学的思考』、文一総合出版、二〇〇二）

（16）内野彰・芝池博幸「水田雑草におけるスルホニルウレア系除草剤抵抗性とその進化」（種生物学会編『農業と雑草の生態学　侵入植物から遺伝子組み換え作物まで』、文一総合出版、二〇〇七）

* 註（5）における引用を参照したため、原論文への直接参照はしていない。

** 註（14）における引用を参照したため、原論文への直接参照はしていない。

コラム 4

美味しいお米を求める日本人

花森功仁子

品種の登場

かつてイネにはいったい、いくつの品種があったのだろうか。品種という概念はいつからのものだろうか。平安時代に建立された京都・嵯峨野の「清涼寺」では京都三大火祭りの一つ、涅槃会のお松明式が毎年三月に行われる。この涅槃会には三本の大松明が焚かれ、それぞれの松明が早稲、中稲、晩稲をあらわし、三本の火勢によってその年の豊凶が占われる。いつから焚かれているか定かではないが、江戸時代にはすでに行われていたという。

早稲、中稲、晩稲の区別はいつからのものか。律令時代の『令集解』(1)には大和国の例として添下《そふのしも》郡《こおり》や平羣郡《へぐりのこおり》などは四月に種を蒔いて七月に刈り取り、葛上《かつらぎのかみ》や葛下《かつらぎのしも》や内などの郡は五、六月に種を蒔いて八、九月に刈り取ると書かれている。ここから農繁期が郡によってずれることがわかる。吉田晶氏(2)や平川南氏(3)は当時、早稲・中稲・晩稲の分類があり、郡ごとにほぼ統一されていたと指摘している。すなわち、平安時代初頭にはすでに稲作の管理や統制が行われ、米は政治と深く結びついていたのである。

万葉集には早稲の穂で作った蘰《かづら》を受け取った大伴家持が「吾妹児《わぎもこ》が　業《なり》と造れる　秋の田の早穂《さわほ》の蘰　見れど飽かぬかも(4)」と詠んでいる。平安時代末期の好忠集(5)には「わさ苗を　宿もる人に　まかせをきて　我は花見に　いそぎをぞする」とあり、早稲の苗を植えなければならない時季なのに人に任せて花見の仕度を急ぐ姿が浮かぶ。七月中旬の項には「我守る　なかての稲も　のきは落ちむらむら穂先　出にけらしも」と詠まれている。また、平安時代中期の三十六歌仙の一人、凡河内躬恒は秋の野に鷹狩りにでかけた折、「深山田の　奥手の稲を　刈り干して　守るかりほに　幾夜経ぬらむ(6)」と詠んでいる。これらの和歌からも、平安時代にはイネの品種はすでに早稲・中稲・晩稲に分類されていたことがわかる。また、万葉集には「葛飾早稲《かつしかわせ》」や「門田早稲《かどたわせ》」という品種が出てくる。八世紀前半の『正倉院文書(7)』には天平寶字五（七六一）年八月二七日付けで、「稲依子」「持特子」という品種を今日明日で刈り取ると書き付けられている。

古代から中世にかけて遺跡から出土する木簡や江戸時代の農書には、赤わせ、白ひげ、あぜこしといった今日まで残るイネの品種名が記載されている。平川南氏によると、二〇〇五年、奈良県下田東遺跡から出土した九世紀初頭の木簡には「種蒔日」「和世《わせ》種三月六日」「小須流女《こするめ》十一日蒔」と早稲の二つの品種を、日を変えて、播いたことが書かれていたという。裏には「七月十二日十四日十七日」「田苅五日役」と稲刈りの日が記されており、種まきから刈取りまでおよそ一二〇日を要している。これは江戸時代の栽培期間とほぼ一致し、現在の品種では成熟期間の短いヒノヒカリや黄金晴よりやや短い日数である。平川氏は平安時代には品種に応じた栽培方法が確立され、国による統制・管理下で稲は生産量と品質が安定していただろうと指摘している(8)。

日本最古の農書と伝えられる江戸時代初期の『清良記―親民鑑月集―』(9)には、早稲一二種、中稲二四種、晩稲二四種、餅稲一六種、畑稲二〇種、全九六種の名があがっている。さらに中稲と晩稲は半分の一二種に分けて植える時期を前後させ、各々一二種は早稲から晩稲の後半まで播種時期を五回に分けていた。また、畑稲（陸稲）の溝かきや肥やしにも触れ、それぞれの田植えや刈り取りの時期や心がけが記載されている。稲の重要性がうかがわれるところである。

江戸時代中期に編さんされた『諸国産物帳』には全国各地の植物・水産物・鉱物などとともに、一〇六種の農産物がまとめられている。私が住む静岡県の『伊豆国産物帳』(10)と『遠江国懸河領産物帳』(11)には稲について詳細な記述があり、伊豆半島西海岸の土肥村では「ゆきのした」という新米が旧暦の五月下旬から六月上旬までに収穫され、江戸表に献上されたと書かれている。現代の暦に照らしても七月初めに刈り取りをするには雪の下から芽が出てきそうなほど彼岸前の極早稲の種まきとなる。残念ながら、この品種は今日には残っていない。産物帳では稲は早稲、中稲、晩稲、もち稲、岡稲（陸稲）の五つに分類され、遠江国懸河領（現在の掛川市付近）では七七種、君沢郡（現在の伊豆市修善寺町周辺、伊豆半島中部）や田方郡（伊豆半島東部）では五六種、賀茂郡（伊豆半島南部）では六一種の名があがっている。静岡県では平成二〇年、コシヒカリやあいちのかおり等上位六品種で生産量の九割を越す。効率化された現代では考えられないほど、一地方における品種数が多いことがわかる。そのため、種もみの管理は慎重に行われたようだ。尾張国飛鳥村の『農稼録』[12]には、種籾は一俵ごと種子札に品種を書き、取り違えないよう俵の中と外に札をおき、堅くメて鼠が食べない湿気のないところに収納することと書かれている。種子の選び方についても『農業全書』[13]や『農業余話』[14]に詳細な記述が見られる。どちらの農書もいかに安定して多くの収穫が得られるかに頁が割かれている。

前述の産物帳によると、現在の掛川や伊豆半島南部のような暖かい地域では早稲の割合が比較的多く、山あいの中伊豆地区では晩稲が多い。また当時の人々は、稲の栽培に地域の気候風土との深い関係を認識していた。たとえば、遠州弥六、こしよせ、福次郎などは晩稲として田植えする地区と中稲とする地区があった。悪年不知、ししくわ（猪不喰）、借金なしわせという農民の願望を表す種名に混じって、あまかた（天方）やくらみ（倉真）という村の名がついた品種もある。天方地区や倉真地区は南アルプスの南端に位置し、山を背に緩やかな傾斜をもつ中山間地である。現在では両地区とも城跡から見渡す景色は一部の稲田を除いて、茶畑や雑木林になっている。しかし、産物帳の詳細な記述から江戸時代には各地の風土に合わせて村ごとに適した稲を選別し、管理していたものと考えられる。

品種の概念

産物帳によると、もち稲の割合は賀茂郡では六一種中二一種であり、その他の地域でも二割近く

表1　「くろもち」の形質

系統番号・品種の表記*（採取地）	到穂日数	分げつ数（本）	稈長（cm）	穂長（cm）	草丈（cm）	一穂の粒数	芒**（1－4）	稃毛の有無	モチ／ウルチ
J21 黒もち（秋田）	84.2	4.7	75.5	25.4	100.9	143.7	0	有	モチ
J33 黒もち（秋田）	84.5	4.8	72.6	24.4	97.0	126.3	0	有	モチ
J34 黒もち（秋田）	83.4	4.6	76.5	24.1	100.6	134.7	0	有	モチ
J45 黒もち（秋田）	81.2	6.2	77.8	24.1	101.9	141.7	2	有	モチ
J125 黒糯（石川）	85.0	6.1	79.4	21.5	100.9	116.0	0	有	モチ
J128 黒糯（石川）	98.9	9.7	88.0	20.4	108.4	72.7	0	有	モチ
J152 黒もち（滋賀）	101.7	4.8	97.6	25.2	122.8	132.7	0	有	モチ
J197 くろもち（島根）	95.3	11.8	73.2	19.8	93.0	75.3	0	有	モチ
J198 くろもち（島根）	120.3	10.5	92.5	21.0	113.5	103.7	2	有	モチ
J400 クロモチ（和歌山）	102.3	8.6	84.0	22.8	106.8	100.3	0	有	モチ

＊ 品種は保管の表記による　＊＊ 芒の長さは1～4に分類。0は無芒を表す

がもち稲であった。もち稲はうるち稲と比べて籾殻や茎などに着色する傾向が顕著であるため、赤もち・黒もちなど色に由来する名のついた品種が多い。また、伊勢もち・水口もち・城四郎など場所に由来する名や個人名がつけられているものもある。

二〇〇二年から二〇〇三年にわたって、静岡大学農学部附属農場（現地域フィールド科学教育研究センター）で三〇〇近いイネの系統を栽培した時のお話をしよう。それらの系統の中に「黒もち」と呼ばれる品種が複数あった。黒もちは江戸時代には各地の農書に記載されており、前述の『遠江国懸河領産物帳』にも記録が残っている。今日でも香り高

く歯ごたえの良い系統として一部地域で栽培されている。当時、静岡大学の育種学研究室では「くろもち」と読める品種が一〇系統保管されており、それらは表1のように和歌山や島根、秋田などで採集された品種であった。この一〇系統を栽培したところ、表のような形質データがえられた。表中、到穂日数とは田植えから穂が出るまでの日数である。秋田の黒もちは到穂日数が短く、滋賀、和歌山や島根の系統では比較的長かった。籾の先端に生える「稃毛《ふもう》」はいずれの系統にも認められたが、そのうち秋田と島根の二系統には芒《のげ》も認められた（図1）。芒は野生種の特徴であり、栽培化の過程で短くなる傾向があるが、一部の品種には残存する。また、モチ性・ウルチ性を判別するためヨードカリ反応を調べた結果、当然ながらいずれの系統もモチ性を示した。

次に収穫した玄米からDNAを抽出して遺伝的傾向を調べた。表2のとおり秋田で採集された黒もち四系統のうち三系統は遺伝的なパターンが一致し、この三系統は前述の形質でほぼ同様の傾向を示した。しかし、そのほかの系統については同じ県内で採集された系統でも一部にパターンの違いがあった。今日の品種の概念では、これらはすべて違う品種として分類される。栽培品種、たとえば、あきたこまちやひとめぼれのような店頭に並ぶ品種では日本や中国などどこで栽培しても遺伝的なパターンはいずれも一様であり、集約農業に適している。例外的に、近年、産地特定のためいもち病抵抗性をもつよう改良された新潟県や富山県のコシヒカリBL、あいちのかおりBLなどはその一部に違ったパターンが認められ、産地特定の指標にも用いられている。このように、品種とは、今では名前の異同によらず、同じ遺伝的背景を持った系統をいう。

表2　DNA分析による「くろもち」の遺伝子型

系統番号・品種の表記（採取地）	プライマー										
	6P	17P	26P	29P	33P	34P	RM			OSR	
							1	224	253	19	22
J21 黒もち（秋田）	1	0	0	0	1	0	c	a	a	a	b
J33 黒もち（秋田）	1	0	0	0	1	0	c	a	a	a	b
J34 黒もち（秋田）	1	0	0	0	1	0	c	a	a	a	b
J45 黒もち（秋田）	0	0	0	1	1	1	d	a	a	a	b
J125 黒糯（石川）	0	0	0	0	0	1	d	a	d	a	b
J128 黒糯（石川）	0	0	0	0	0	0	c	a	a	a	b
J152 黒もち（滋賀）	0	0	0	1	0	1	a	a	a	c	j
J197 くろもち（島根）	1	0	0	1	0	1	d	a	a	a	b
J198 くろもち（島根）	1	0	0	0	0	1	b	a	c	a	c
J400 クロモチ（和歌山）	1	0	0	1	0	1	b	a	f	a	a

0：バンド無し　1：バンド有り
（網掛け）J21と同じ遺伝子型を持つもの
a～j：各プライマーでDNA断片を増幅した際、バンドの位置が同じものは同じ文字で表記

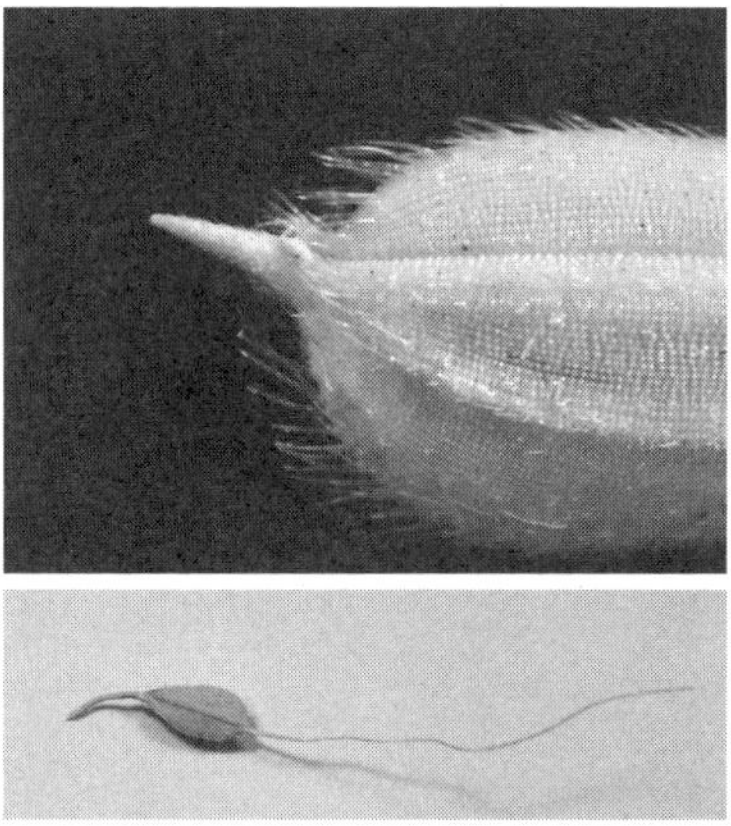

図1　稃毛（上）と芒（下）

ところで、品種という言葉は東京農大初代学長横井時敬によって明治中期に書かれた『農業汎論』[15]が初出である。ここでは「変種以下次変種、次亜種等一切を包括する熟字」と定義されている。明治時代に入り、地租改正により貨幣経済に巻き込まれた農民は少しでも多く収穫し、貨幣に代えなければならないため、多収性の品種を栽培した。そのため、多くの地方で質が低下し、特に小作米の粗悪化は著しかったという[16]。新政府は、明治七年にアメリカから、一一年にはインドネシアのジャワ島から、一九年にはイタリアから種籾を取り寄せて、各地で栽培試験を行なっている。ほとんどの試験区で在来種より減収しているが、気候風土に慣れれば収穫も増すだろうと報告されている[17]。

一方、民間では、明治初頭に島根県安芸市で「亀治」が選抜され、大山詣での道すがら「雄町」が発見された。中期に山形県荘内平野の民間育種家・阿部亀次によって「亀の尾」が育成された。この「亀の尾」は当時育成された「神力」、「愛国」とともに大正時代末期には大陸でも栽培され、当時の三大品種となった。この時期、「旭（＝朝日）」や「銀坊主」なども育成された。これら良食味の「銀坊主」、「旭」、「愛国」、「亀の尾」はコシヒカリの先祖である。また、寒冷地の北海道でも熱心な民間育種家によって稲の栽培が可能となり、道内に広まっていった。したがって、明治期に美味しいお米の追及や改良が盛んに行なわれ、今日のような品種の概念が確立したと考えられる。

コシヒカリとＤＮＡ鑑定

お米のＤＮＡ鑑定を始めて一〇年になるが、当初はしばしばコシヒカリのはずのサンプルに他品

1 2 3 4 5 6 7 8 9 10

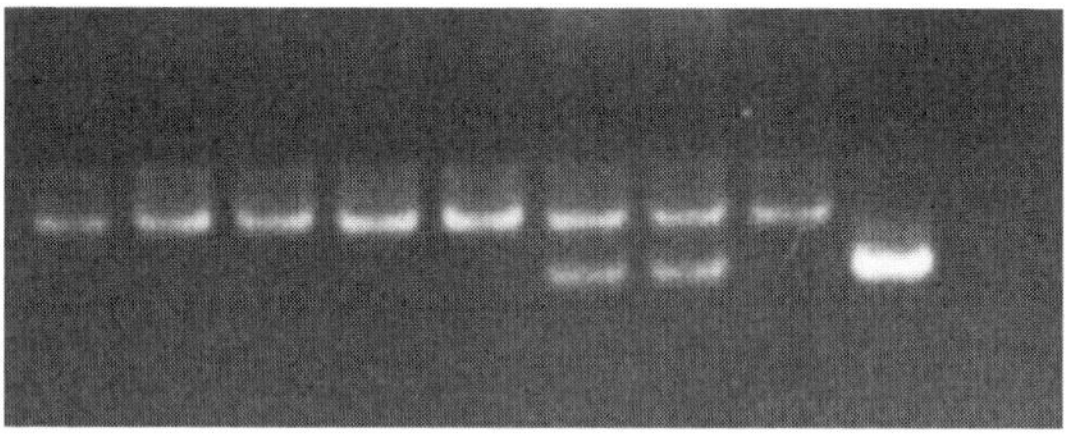

図2　DNAの特定領域を増幅した泳動写真
（1～7：検査サンプル1～7、8：コシヒカリ、
9：ヒノヒカリ、10：ネガティブ・コントロール）

種のコメが混ざっていたり、一〇〇粒中一〇〇粒が異品種といったこともあった。DNA鑑定は生産された玄米や精米からDNAを抽出し、図2の写真のように可視化させて判別する方法である。コシヒカリの種子数粒からDNAを抽出し、ある領域を増幅させて電気泳動という方法で視覚化させると矢印Aの位置にバンドが現れる。サンプル1から5はコシヒカリ特有のバンドを持つ。しかし、レーン6と7のように違った位置にもバンドが現われた場合、それはDNAの配列が違うことを意味し、その種子はコシヒカリのそれではない。図の場合のサンプル6と7には矢印Aのコシヒカリのほかに、ヒノヒカリと同じ矢印Bの位置にもバンドが現れ、異品種の混入を示した。複数のDNA領域を調べて、どの領域でもコシヒカリと同じ位置にバンドが現われた場合、その種子は「コシヒカリと考えて矛盾はない種子」と判定される。反対に一箇所でも異なる位置にバンドを示した種子はコシヒカリではないと判定される。

当初、混入の原因は、種もみを取り違えたり、違う品種に続けて稲刈り機や籾すり機を使用したために、異なる品種の種子が混ざったり、という悪意ではないミスが大部分を占めていた。当時はまだDNA鑑定と言ってもなかなか理解してもらえなかった。何度か講演や説明を行うことによって、その威力が衆知されるとともに抑止効果が働き、現在では生産現場でこのようなミスはほとんど見られなくなった。しかし、流通の場でおきる一部のミスは別問題で、こちらは悪意を持った偽コシヒカリが多い。非食用米が食用米や酒米の原料となるのは国の管理のずさんさや企業倫理が問われていると言わなければならない。

一方、コシヒカリ神話は続いている。コシヒカリの生産量は全生産量の三六・二パーセントを占め、断トツの一位を誇っている。しかし、このような品種の単一化は作業の集中、病害虫の発生、気象変動の影響を受けやすいなど問題を生じさせている。さらに、農林水産統計をもとに収穫量の多い上位の品種とコシヒカリの系譜を調べてみた。表3の右欄のG_1はヒトに例えればコシヒカリの子供、G_2は孫、G_3はひ孫であることを示す。表に示されたように、平成一九年産の収穫量上位一五位まですべてコシヒカリ一族で占められており、一族の占める割合は実に八三・五パーセントにのぼる。図3に示した夢つくしのように、両親ともコシヒカリの血をひく系統もある。コシヒカリがいかにバランスの良い品種でブランド化されているかが鮮明である。国連食糧農業機関によると、一九五〇年代、数千以上の品種を栽培していたフィリピンでは、二〇〇六年生産量の九八パーセントを多収性の二品種だけが占め、遺伝資源の喪失が問題となっている。同様の傾向は効率化を求める途上国の多くに見られる。しかし、イネが本来、生物であることや環境との調和の点から、この

表３　品種別収穫量とコシヒカリとの関係

順位	品種名	収穫量（t）	割合（%）	コシヒカリとの間柄
全国		8,705,000	100.0	
1	コシヒカリ	3,148,000	36.2	—
2	ひとめぼれ	857,100	9.8	G_1
3	ヒノヒカリ	839,300	9.6	G_1
4	あきたこまち	750,900	8.6	G_1
5	はえぬき	290,100	3.3	G_2
6	キヌヒカリ	272,400	3.1	G_2※
7	きらら397	229,000	2.6	G_3
8	つがるロマン	165,800	1.9	G_2
9	ななつぼし	154,200	1.8	G_2
10	ほしのゆめ	139,900	1.6	G_3
11	まっしぐら	111,600	1.3	G_3
12	あさひの夢	95,600	1.1	G_3※
13	あいちのかおり	84,000	1.0	G_2※
14	夢つくし	69,800	0.8	G_1
15	こしいぶき	64,400	0.7	G_2
もち米	—	309,700	3.6	

平成19年度農林水産統計（農林水産省）を参照。
（※は、コバルト60を照射したコシヒカリを片親にもつ品種）

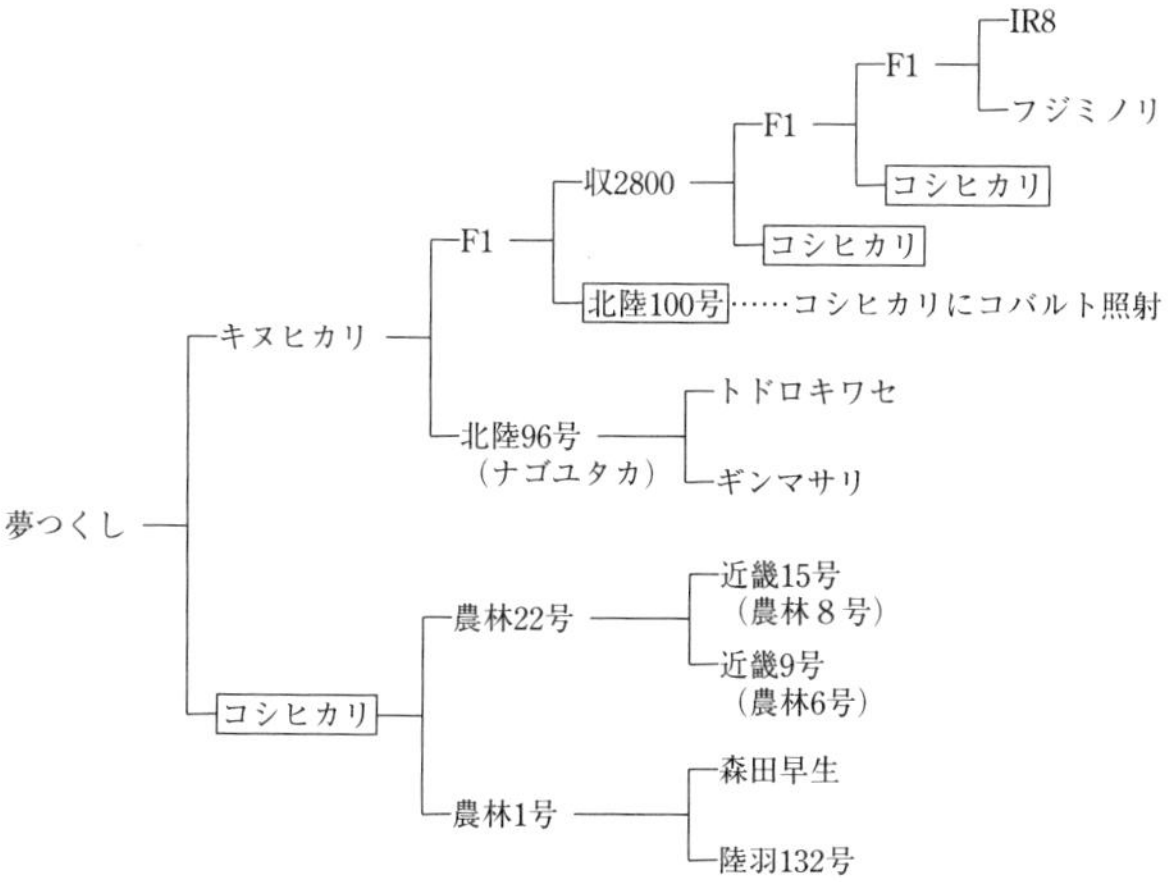

図３　夢つくしの系譜

単一化には違和感を覚える。南北三〇〇〇キロにおよぶ日本列島のそれぞれ異なる風土の中で、その風土にあったお米の美味しさとはなんだろうか。北海道、愛知・三重・宮崎など各地で新たな品種の開発、さらには酒米・すし米・カレーライス用の米など、利用目的に合わせた米の多様化が図られている。

偽コシヒカリ事件は、日本のイネ品種が遺伝的にいかに均一であるかを端的に示した事件だった。なにしろ、混ぜものに使われた米までもが、コシヒカリ・ファミリーの米だったのである。品種の多様化は、偽者を作りにくくする良いシステムの一つでもある。偽コシヒカリ事件はまた、日本人の「ブランド志向」の強さを示す事件でもあった。その背景には、「安かろう、悪かろう」という過去の体験が関係していると思われるが、今の米品種は「よい」も「わるい」もないほどに均一である。品種の多様化はまた、風土に合った米作りとともに日本人に米の味覚を思い出させる。その結果として偽物を社会からなくす方向に作用するであろう。

註

(1)『令集解 後編』(『国史大系』第二四巻、吉川弘文館、一九七四)九四四―九四五頁
(2)吉田晶『日本古代村落史序説』(塙書房、一九八〇)一一六―一一七頁
(3)平川南「種子札と古代の稲作」(『古代地方木簡の研究』、吉岡弘文館、二〇〇三)四三五頁
(4)『万葉集 二』(『日本古典文学大系』二、岩波書店、二〇〇二)三七二頁
(5)『平安鎌倉私家集・好忠集』(『日本古典文学大系』八〇、岩波書店、一九六四)五二―七二頁

（6）『貫之集・躬恒集・友則集・忠岑集』（明治書院、一九九七）二〇五頁
（7）「正倉院編年文書四」（東京大学史料編纂所編『大日本古文書』、東京大学出版会、一九六八）五〇七頁
（8）平川南「種子札と古代の稲作」（『古代地方木簡の研究』、吉岡弘文館、二〇〇三）四七二頁
（9）入交好脩（校訂）『清良記―親民鑑月集―』（近藤出版社、一九七〇）二六―二九頁
（10）盛永俊太郎・安田健（編）『享保元文諸国産物帳集成　第三巻　佐渡・信濃・伊豆・遠江』（科学書院、一九八六）八七三―一〇五八頁
（11）前掲註（10）一〇五九―一〇六三頁
（12）「農嫁録」（『日本農書全集』二三、農山漁村文化協会、一九八一）四六―四七頁
（13）川崎文昭「近世駿遠豆の稲の品種について」（『静岡県史研究』第六号、静岡県、一九九〇）六九―九〇頁
（14）古島敏雄「稲の品種」（『日本農業技術史』、時潮社、一九五四）六三一―六四五頁
（15）筑波常治「農書の誕生」（『日本の農書―農業はなぜ近世に発展したか』、中公新書、一九八七）二六―二九頁
（16）「種子第二」、「農事総論」（『農業全書』巻一、岩波書店、一九三六）五八―六〇頁
（17）『農業余話』（『日本農書全集』七、農山漁村文化協会、一九七九）二八〇―二八八頁
（18）横井時敬『農業汎論』（博文館、一八九二）六頁
（19）盛永俊太郎（監修）・農業発達史調査会（編）『日本農業発達史』第三巻（中央公論、一九五四）三二四―三二六頁
（20）前掲註（19）九四―一九六頁

第3章　焼畑と稲作

―多様で持続可能な稲作を求めて―

川野　和昭

はじめに

「焼畑と稲作」の組み合わせを提示した途端に、ある種の違和感を感じてしまうのが自然な感情であろう。それは、日本列島における「焼畑」が「雑穀・根栽」の農耕であり、「稲作」は「水田稲作」の農耕として常識的に理解されてきたからである。

しかし、その常識は「稲作文化圏」とでも呼びうる空間的な広がりの中で理解するなら、「日本列島」という限定的で、極めてローカルな常識であるとしか言えない。つまり、「稲作」を「作物としての稲の栽培農法」と考えれば、「水田による栽培」だけではなく、「焼畑による栽培」やさらに、「常畑による栽培」あるいは「焼畑的水田・天水田による栽培」といった多様な栽培を視野に入れて、理解しなければなければならないということである。

日本列島におけるそうした「稲作」に対する悲劇的な誤解が生じたのは、「水田稲作」に画一化してきた政治的、歴史的な経緯がある。と同時に、歴史学をはじめ民俗学や考古学など人文科学の分野の研究も、長く「水田稲作史観」とでも呼びうる視点を中心に進められてきたことと無関係ではない。

ただ、そうした中においても、日本列島の「稲作」に関しても、「水田稲作」を越えて焼畑、畑作、天水田的稲作が論じられてきた。たとえば、照葉樹林文化を提唱し続けてきた佐々木高明氏は、縄文文化の中で、焼畑ないしは畦や溝を伴わない天水田による稲作が存在した可能性を主張している[1]。また、民俗学の坪井洋文（一九二九〜一九八八）は焼畑とイモと赤米をキーワードにして、「水田稲作文化」のほかに「焼畑・畑作文化」の存在を説き、多様な日本文化の有り様を主張した[2]。さらに、佐藤洋一郎氏は農学的な立場から休耕を伴う焼畑的要素の強い稲作の存在を主張し続けている[3]。

ここでは、そうした様々な議論をふまえながら、「日本列島の焼畑と稲作」、「ラオス北部の焼畑と稲作」とを比較する形で、「水田稲作」を相対化し、多様な「稲作」の有り様を見てみたい。

日本の焼畑と稲作

日本列島における焼畑稲作についての事例報告は、ほとんど見当たらないといってよい。僅かに、焼畑の技術によるノイネ（野稲）の栽培についての記述を見いだすことが出来る。それは、一九世紀初頭に薩摩藩が編纂した農業全書的な性格を持つ『成形図説』の次の記録である。すなわち、同書巻之十六の「畠稲」の早野稲の解説に見える「地道《ツチカラ》ハ第一宿土《ウエカヘシ》を慊《キラ》ひ新地《アラチ》を喜《コノ》むなり荒野の縷草《シハクサ》を打返し土もろともに積累《ツミカサ子》をもて焼《ヤキ》て灰《ハヒ》となしたるに蓺《ウヘル》に一二年すぐれて出生《デキ》よろし其後ハ地を休め易《カヘ》て作るへし」という叙述に示されているのは、荒野、柴草（縷草）、焼く、灰、休耕という焼畑の技術的要素をすべて備えた稲の耕作である。これは、紛れもなく焼畑、火耕の延長上にある「焼畑稲作」であることは疑う余地がない。水田稲作とは別の野稲・陸稲の栽培が鹿児島の地域で行われていたのである[4]。

また、民俗伝承においても「焼畑稲作」を確認できる。平成二〇年（二〇〇八）に訪れた宮崎県西都市（旧東米良村）上揚《かみあげ》の濱砂陸紀氏（昭和六年生）が体験したという次の伝承は、紛れもない焼畑稲作であった。

上揚では焼畑はコバと呼ばれ、秋に木の葉が落葉し始める前に伐採し、一冬越して翌年五月に焼くアキコバと、田植えが終わった頃に伐採して、旧暦七月のお盆の前後に焼くナツコバの二通りがあった。アキコバはニイコバ（新コバ）とも呼ばれ、ノイネかヒエかアワを植えるものであった。コバで栽培したノイネには、粳と糯種の二種類があり、五月の初め頃に火が飛ばないように周囲を掃除し、ヨッカシラ（斜面上側の縁）の風下から火を点けて、ヨコジリ（斜面下側の縁）に向けて焼き下って行く。焼いたらすぐに畝を上げて筋を付け、そこに籾を直に播いていた。草取り作業は、粳種《うるち》は背丈が三〇センチメートルくらいに成長した頃に一回行う。粳種のアカモチは除草はしなくてもよかった。収穫は、一〇月頃に鎌で根刈りして、掛け干しにした。猪が飛び上がって食べるので、だいぶ高めにして掛けて長くコバに置いておき、家に持ち帰って脱穀機で脱穀していた。

糯種の「アカモチ」と呼ばれる、籾殻が赤くて米が白い稲は、コバでも水田でも栽培できる稲で、背丈が高く藁細工に重宝された。現在でも、銀鏡《しろみ》（西都市）の中武悦子氏は、藁を銀鏡神社の注連縄用に奉納するため水田でアカモチを栽培している。また、上揚の那須利隆氏も未だに水田でアカモチを栽培している。こうしたコバは、昭和四七年（一九七二）頃まで行っていた。

また、こうしたノイネの焼畑栽培については、隣村の西諸県郡須木村《にしもろかたぐんすきそん》（現小林市）鳥田でも行われていたことが、プラントオパール分析から稲作の起源を研究している農学者の藤原宏志氏によって報告されている。藤原氏は、平均斜度三〇度の松林の土の中からプラントオパールが検出されたことに疑問を持ち、村の古老から焼畑による陸稲栽培のあったことを聞き出し再現を試みた。その品種名がメラゴメと呼ばれ、「焼畑のような水の少ない条件下でつくられる一方、過湿な低湿田でも栽培される」ことを指摘し、「土地の人にすれば、焼畑稲作と陸稲作〔常畑による陸稲栽培〕を区別する必要などないことに気がついた」（〔　〕は筆者による補足、以下同じ）と述べている。(5)

文久四年（一八六四）に記された『大隅国高山郷守屋家耕作日記』には、「一　赤籾実植幷大豆畠

稲作入之事　但四月十六日小満より五月二日芒種まで」という記事があり、現在の鹿児島県肝属郡《きもつきぐん》肝《きも》付町《つきちょう》高山では、赤籾（赤米）を水田に実植え（直播き）すると同時に、大豆畑の中に作りいれていたことがうかがわれる。また、鹿児島県日置市金峰町一帯では、常畑で栽培される陸稲が「メラ」と呼ばれている。これらは、宮崎県西都市上揚の事例や藤原氏の指摘、さらには『成形図説』が示していた水陸両用の陸稲の記事とあわせて、極めて多様な稲作の存在を教えてくれる。

先にも触れたように、坪井洋文は焼畑とイモと赤米をキーワードにして日本文化の多様性に迫った。特に、晩年の著作「稲作文化の多元性―赤米の民俗と儀礼―」では、そのまとめとしての「農耕文化研究の課題」という項目を設け、「民俗文化を多元的にとらえるという視点をさらに進めて、稲作農耕文化の多元性をも問うことが新しい問題となる」と指摘している。その問うべき要点の一つとして「日本の稲作社会〔水田稲作社会〕の体制の枠にあてはまらない農耕社会が存在してきた。焼畑・畑作社会である。（中略）焼畑・畑作社会の人々の間には白い米と〔赤米とが〕対等の価値を持つものと認識されていた」ことをあげ、農学や考古学を含めた「学際的研究」を進めることを提言しているのである[7]。しかし、坪井が提起した問題は、二〇年を経た今日においても進展しているとは言い難い。日本の稲作文化あるいは日本文化そのものの多様性を明らかにするためには、過去の日本列島における焼畑研究の成果を基に、これまで収集された資料をもう少し注意深く読み直す作業や、新たな聞き書きによる資料の発掘に努めなければならない。そうすることが、坪井が遺言のように残していった

「東南アジアの諸地域（中略）の民族との比較」の基礎的資料を調え、比較の作業を可能ならしめる道であることは、間違いないであろう。次に、東南アジア大陸部の北部山岳地帯に属するラオス北部の焼畑と稲作について述べてみよう。

ラオス北部の焼畑と稲作

ラオス北部の山岳部に住むカム、タイ、ラオ、モン、ヤオ、アカなど様々な少数民族は、水田を全く作らずに焼畑のみで稲作を行っているもの、焼畑稲作に水田稲作を導入しているもの、糯種を中心に栽培するもの、粳種を中心に栽培するものなど、多様な稲作を行っている。ここでは、その多様な稲作の在り方を、焼畑稲作を中心にその栽培技術、儀礼、神話に触れながら述べてみることにする。

「新しい年」の開始と豊作祈願

「新しい年」を迎えるとは、焼畑稲作にとってどのような意味を持つのであろうか。

たとえば、カム族の例を見てみよう。ルアンナムター県ナムター郡プーラン村は、ルアンナムターとタイ国境のボケオ県ホイサイとを結ぶ国道三号線沿いにある、カムクエン族が住む村である。この村では、一二月の新月が立つ日、つまり一二月朔日から三日間のうちに、古い年から新しい年に変わる「オーッ」と呼ぶ祭りをする。これは、「プークーン」と呼ぶ先祖の霊にイモを食べさせる祭である。集落の全部の家族が畑の稲を村の籾倉に運び込んだら、その年畑に植えておいたイモ類を収穫する。稲の収穫が終わらない前にスロー（里芋）やクワーイ（ダイジョウ）を収穫して食べると、プークーンが怒って、家族を病気にさせたり死なせたり、ローイ・ラワン（精霊・雷）を畑に落として稲の収穫を悪くするという。

「オーッ」の前日畑に行って、畑を焼いた直後のポーック・カトン（焼く・卵）というイモ植え儀礼で植えたスロー（里芋）を収穫して畑の籾倉に保管する。その後、畑のイモ類を収穫して（「オーッ」に用いる分だけでもよい）家に運んで帰る。夜になって収穫してきたイモ類を蒸しておく。

翌朝、プークーンの前に食卓を置いて、その上に蒸したイモ類やラオハイ（黒米の醸造酒）などを供えて、「新年を迎えました。イモを食べさせます。今年も家族が病気にならず、収穫も豊かになるようにしてください」とお願いをして、その後家族全員でイモを食べる。このときに供えるイモ類の中でも、スロー（里芋）とクワーイ（ダイジョウ）が、供物の中心である。

これは、スロー（里芋）とクワーイ（ダイジョウ）を先祖の霊に食べさせることによって、家族の安寧と焼畑の作物の豊作祈願をしていることを示している。「オーッ」ではあらゆる作物のなかでイモが優先しているのである。これは、坪井が日本列島で稲の餅を中心とする「餅正月」と対立させな

がら、多様な稲作文化の象徴として指摘した「イモ正月」に相当する。(8)

また、モン族は播種儀礼から収穫儀礼におよぶ稲作儀礼をほとんど行わない。たとえば、ルアンパバーン県ビエンカム郡オンブリン村のモン族に稲作儀礼をしない理由を聞くと、稲の収穫後、一二月の新月に行う「新しい年」を迎える祭のときに、先祖の霊にお願いしてあるので特に儀礼をしなくても平気であるという。同じく、ルアンパバーン県パバーン郡ロンラオ村のモン族は、ウンティークワンという「新しい年」を迎える儀礼のときに、供犠した鶏の足が真っ直ぐ伸びているか、頭骨や下の嘴に血が付いていないか、舌を抜いて真ん中の筋が出ていないかということを見て、その年の家族の安寧とともに、焼畑の作物の出来具合を占う。

さらに、アカ族が住むルアンナムター県プーカー郡トンラーット村では、伐採した焼畑地を燃やす前(四月の終わりから五月の初め頃)に、よく燃えるように各家で「ホズ・ダ(新しい・上る)」という儀礼を行う。胡麻をまぶしたジャレレという円餅を搗いて、ゆで卵を一個作り、鶏を一羽殺して料理を作る。竹の串に小さく丸めたジャレレ三個、ゆで卵三切れ、鶏の肉三切れを挿したジャレ・ジャダ(お餅・新年に上る)を作り、家の二ヶ所の入り口の外側の上の梁に差す。悪い霊が家の中に入らないようにするためであるという。その後、アピポロ(家の霊)にジャレレ、ゆで卵、鶏の頭、肝臓、肉を少しずつお供えして、次に囲炉裏に供え、その後家族も同じものを食べる。ホズダの三日間は村の外へ出てはならない。ホズダが終わったら畑を焼いてよい。つまり、ここでも新しい年に先祖の霊を祀ることが畑がよく焼けることに繋がるというのである。つまり、伐採は問題にせず、焼く作業こそが先祖の霊の支配する焼畑作業の開始であるという意識が明確にみて取れる。これは、「最適の森は」という筆者の質問に対する「土がよくても、森がよくても、燃えなければ肥料になる灰が出ないのでよくない」という回答を反映している。同じく、同県ムンシン郡パイヤロアン村では、ホス・アピュロー（新しい年の祭）の二日目に青年たちによる集団狩猟が行われており、これも畑を焼く前の儀礼的性格を持っている。

このように、民族によって「新しい年」を迎える時期と儀礼の内容はそれぞれに異なるが、焼畑の豊作祈願、作占、燃焼祈願など焼畑稲作と深く関わった儀礼として位置付けられていることが理解できる。

次に、その年伐り拓く焼畑地の選定の在り方を見てみよう。

焼畑地の選定技術と儀礼

(1) 焼畑地の選定の基準―竹の焼畑―

筆者は、ラオス北部の焼畑民がどのような基準で焼畑地を選定しているかについて、「焼畑にはどんな森が適していますか。竹だけの森か、木だけの森か、竹と木の混じった森ですか。その理由を教えてください」、「焼畑に適する竹にはどんな種類がありますか。よい順番に名前を挙げ、その理由を

図３－１　全山を覆う竹の森（ファパン県サムタイ郡）

教えてください」、「竹と木の組み合わせで焼畑に適する森はどんな組み合わせがありますか。その割合はどのようになりますか」という聞き書きを行っている。これらの質問は、トカラ列島から大隅半島、九州山地において、木の森よりも竹の森を焼畑にする方がよいとする「竹の焼畑」と呼ぶべき事例との比較の視点に根ざしたものである。そうした聞き書きから得られた結果を見ると、日本列島では極めてローカルな存在である「竹の焼畑」が、ラオス北部においては極めて普遍的な焼畑であることが分かってきたのである。

たとえば、カム族が住むルアンナムター県ムンゴイ郡ハッカーム村では、次のように言う。焼畑に一番適する森は、トッチュッとトッボイという竹が混じっている森である。そのうち、トッチュッは株立ちの竹で、トッボイは地下茎で伸びる竹である。この森は、竹の根に水分があり、土に水分が保たれるので稲作に適している。ヤッギャンという地下茎で伸びる竹もトッボイと同じで、根に水分があり土に水分が保たれるので稲作に適している。その外のタラーとチョイという竹は普通である。

二番目に適しているのは、木と竹の混じった森で、竹が三分の二、木が三分の一ぐらいの混じり割合がよい。木だけの森は、土が乾燥していてホコホコしているので、雨が降らないとすぐに乾燥して稲が枯れるのでよくない。

さらに、「竹の焼畑」に関連して、カム族が竹と作物の繋がりを表す諺を持っているのは興味深い。

ハッカーム村では、

ブルアン　ブリッ　タネック　ルッ　ヤー
伐採する　森　竹の名　よくできる　煙草
ブルアン　ブリッ　タラー　ブリヤ　ピッ
伐採する　森　竹の名　よくできる　唐辛子

という。また、カム族が住むルアンパバーン県ナンバーク郡ホイジン村では、

プリー　プライ　ブリア　ゴ
森　竹の名　よくできる　稲
プリー　タネック　ブリア　プリ
森　竹の名　よくできる　唐辛子
プリー　ラハーン　ブリア　ヤー
森　竹の名　よくできる　煙草

という。因みに、ホイジン村における焼畑に適する竹の順位は、プライ（ラオ語名のマイライ）、タネック（ラオ語名のマイホック）、ラハーン（ラオ語名のマイサン）という順位付けになっている。その理由として、水分が多い、よく燃える、肥料となる灰が多いなどの点が挙げられ、ハッカーム村の場合と共通している。こうした諺の存在は、カム族の人々が焼畑と竹と作物をセットとして認識していることを如実に物語っている。

また、カム族の村では、人間の悪行によって稲の種が竹の節の中に逃げ隠れ、それを発見したということが実話として語られる。ハッカーム村でも次のような話が語られている。ウオンさん（六二歳）の奥さんトンさん（五七歳）は、四年前のある日、蝙蝠捕りに森に出掛けた。末が折れてなくなってしまったチョイの四節目に蝙蝠の住んでいそうな穴があった。そこで、トンさんはその竹を切ってみた。しかし、蝙蝠は住んでいなかったが、きれいなチョイだなあ、畑で服を干す竹にしようと思って、八節目を切った。その時、その節の中から二八粒の籾が出てきた。その籾を家に持って帰ってきて、半分はプラネッゴ（稲の宝物）にして、半分は種籾にした。その稲の名前は、ゴッ・ダム・ダンコロック（稲・白・茄子）という稲で、もともと村にあった稲であった。この種は、お父さんが亡くなったときに、あの世に持たせてやったので今はなくなってしまったという。この話で重要なことは、稲が逃亡先として竹を選ぶという点である。そこには、竹は水であり、稲は水とともにあるというカム族の観念が反映しているのである。

また、タイルー族が住むルアンパバーン県ナンバーク郡コクナン村では、焼畑に適する竹についてさらに細かく認識している。その順番と理由を示すと次のようである。一番適しているのはマイヒヤという竹である。この竹は皮が薄いため全部燃やせる。肥料となる灰が多く出るので、稲の茎が大きく伸びて穂もよく出揃うが、川や谷沿いにあるので日陰になり、穂が大きくならない。二番目はマイライという竹である。この竹は、根が深く、あちこちに小さな塊として広がっているので水分の持ちがよく、山の尾根筋や高い斜面に生育しているため周辺の日当たりもよい。分蘖《ぶんけつ》は少ないが穂も大きく米も美味しい。三番目は、マイホックという竹である。この竹は、根株が大きいので、根株の周囲はよく燃え、肥料が多く稲もよく出揃い育ちもよい。しかし、根株と根株との間が離れすぎていて、よく燃えていないので肥料が少なく畑全体としては稲の生長がよくない。四番目はマイサンという竹である。この竹は、土が乾いているので余りよくないが、雨の多いときはよい。つまり、竹は水分を持っている、竹の生えている土地は水分を持っているということが、焼畑に適する竹の選定基準になっているということである。

これに対して、焼畑地として竹にそれほど関心を示さない民族もいないわけではない。

たとえば、モン族が住むルアンパバーン県ヴィエンカム郡オンブリン村は、標高九四〇メートルの高地に位置する村で、焼畑だけを行っている村である。ここでは、森の樹相よりも土の良し悪しが焼畑地選定の基準になる。テイ（焼畑）に適する森としては、軟らかく、湿気の土があるところがよい。

硬い土は通水性が悪いのでよくない。赤い石の入っていない土がよい。砂の入った土はよくない。また、ニャーカーという草やコッカー（野牡丹）が出る土もよくない。マイチューという棘があり、樹脂を出す大きな木のあるところもよくない。マイポンという竹だけの森でも、マイチン（木）だけの森でも土がよければよい。しかし、マイポンは高い山にはあまりない。マイソッという竹の森は、土が乾燥しているので、稲を植えてもあまり実らない。このように、標高の高いところに住むモン族やアカ族の場合は、それほど竹にこだわらず、むしろ木の森に比重を置く傾向が見られる。

（2）占有標示

さて、こういう基準で森を選定したら、そこに行って自分が選定した森に他者が入り込まないように占有の標示を行う。その標示方法にはいくつかのパターンが認められる。先ず、一番多く見られるのは、予定地の境界にタレオ、タレーと呼ばれる、竹の六つ目編みを掲げることである。これが掲げられると、他者はその範囲を侵して焼畑地にすることは出来ない。掲げられる竹の六つ目編みは、侵入を拒絶する標示として様々な場面で用いられる標識である。たとえば、儀礼の期間中に集落の出入り口に掲げられ、外部から集落への出入りを拒絶する標識となったり、稲作儀礼においても悪霊や他者が畑の中に入ることを拒否する標識として焼畑の縁に掲げられる。

また、フアパン県サムタイ郡に住むタイデン族の村では、竹棹の上部を割り馬簾のように外側に開いて地面に立てて、先端を地面に突き挿した「マイタクナイ」という印を立てる。この印も他者の侵入を拒絶する印である。同県ヴィエントン郡に住むカム族の村でも同様の標識が見られる。ラオス北部の焼畑民の間では、こうした標識が不可侵の意味を持つものとして共通して認識され、霊的存在との間において関係が保たれていることが分かる。

竹棹の先を割った馬簾は、九州山地の宮崎県椎葉村の小正月に常畑に立てられたり、鹿児島県薩摩川内市新田神社御田植祭の御田植えの場を清浄化するために、御神田に立てられ振り回されたりするものである。この外にも、切り込みを入れて柴を挿したり木の幹を削ったりしただけのものも見られる。そこにはラオス北部との共通性が認められる。

図３-２　焼畑予定地を示すマイタクナイ（ファパン県サムタイ郡）

（３）霊の排除儀礼と予祝儀礼

カム族は、占有標示することよりも、その森にいる霊の存在を畏れ、立ち退きさせる儀礼を重視する傾向が認められる。

たとえば、カム族の住むウドムサイ県ムンフン郡プーラット村では、ポンケーイと呼ぶ儀礼を行う。この村では、いい日を選んで畑に行く。このとき必ず新しい鉈を作るか、古いものは刃の打ち直しをして持っていく。畑にする場所に行きポンケーイを行う。

図3－3

先ず地面に図3－3の形を鉈で描く。A・B・Cの地点に、前年の刈り初めで刈り穫って籾倉の内側の壁に挿しておいた稲の穂を持ってきて、Aには穂の下の部分、Bには穂の真ん中、Cには穂先を挿す。同じようにバナナの木、砂糖きびの上中下をそれぞれC・B・Aに刺す。これは、豊作の予兆をするもので、前年の刈り穂のように、稲の茎が砂糖きびのように強く、稲の穂がバナナのようにたくさん付くようにということを祈る予祝儀礼である。

次に、ポンケーイを済ませた後、焚火を燃やして、唐辛子、貝殻虫の巣を燃やして「これから木を伐りますので、ここにいる霊、虫、蜂、野性動物は外に（どこかに）行って（逃げて）ください。ここは私の畑にしますので」と唱えて家に帰る。これは、その森にいる霊が、唐辛子、貝殻虫の巣の燃えるときに出る強い刺激臭によって退散するのだと言う。

また、ラメット族が住むルアンナムター県ナーレー郡サリアーンパン村では、家族にとってよい日を選んで、森に行って畑にしようと思う場所を決める。自分が気に入った場所を決めて、五メートル四方くらい木を伐り開いて、ワオッ・ケッ・マー（行く・占い・畑）という畑にしてよいか否かの占いをする。先ず、細い竹か木を切って、それにタレオを作って付けて、伐り開いた場所に通じる道に立てて、他の人が入ってこないようにする。次に、伐り開いた場所の中央の地面に、女性の性器を意味する三角形を描く。女性の性器を描くのは、森にいる霊がそれを見て汚らしく思って嫌がり、近づかなくなるからである。

さらに、竹紐を二本用意して、それぞれを一〇回折り曲げて、底辺が真っ直ぐの三角形を二つ作り、地面に描いた女性の性器を表す三角形の中に、鋭く尖った方の頂点を挿して逆三角形の形に突き立てる。このとき、「これからこの森を伐って畑にします。ここにいる霊たちはどこか外に逃げてください」と唱えながら突き立てる。地面に描いた三角が畑を、竹紐で作った三角が人間（男性器）を表す。これは、女性器や男性器の夢を見たら怪我をするので、それを防ぐために前もってそれを表現するのであると言う。さらに、女性器を表す三角形の中央に、世界を暗くして鼠やリス、害虫の目が見えなくなるようにカインアップというウコン（鬱金）と、霊が怖がるカクロイというウコン、どんなことがあっても稲を応援してくれるカイントッというウコンを三種類と、カインアップと同じ目的でラアッという草を、カクロイと同じ目的でラックロイという草を二種類植える。このとき突き立てた三角形は出来るだけ底辺が短く、高さが高くなる三角形がよく、底辺が真っ直ぐになると、稲が病気にならず豊作になり、人も病気にならないという。つまり、この儀礼は模擬的な生殖とウコンの守護による稲の予祝、さらには稲の守護のための女性性器やウコンによる霊の排除、害獣、害虫の排除という意味を持っていることが分かる。

さらに、この儀礼を済ませて家に帰る道中、石や土、木の穴に木の葉を詰めてその口をふさぐ。これは、稲の種播きのときに、鼠やリス、害虫などが出てきて播いた種を食べないように閉じ込めるのだという。

また、タイルー族が住むルアンパバーン県ナムバーク郡コックナン村では、かつて他人が畑にしようとして病気になったり死んだりした大きな森や、パケー（年取った森）を焼畑にする場合は、僧侶からカター・ピー・ブア（小石に書いたお札・霊・厭になる、嫌いになる）を頂いて森に持ってゆき、「これからこの場所を畑にするので、ここに居る悪い霊や蛇たちは外に出て、場所をお互いに分けましょう」と唱えながら、伐り払おうとする範囲の四隅に置く。焼畑地選定時にこうした霊の排除や稲の予祝儀礼を行うのは、タイ族系やカム族系民族の特徴であるように思われる。ただし、総ての集落に見られるのではなく、各民族内においても集落ごとに多様なバリエーションが見られる。つまり、民族内部においても一つではないということである。

（4）夢による伐採許可・禁止のお告げ

焼畑地の選定が終わり家に帰ってきてその夜夢を見る。森にいる霊がその夢をとおして、選定した森を伐って焼畑にしてよいかどうかを告げてくる。現在でも禁止の夢を見たら、家族が病気になったり、死んだりするので絶対に伐採をしない。これは、森の乱伐を抑止する重要な仕掛けであるといってよい。この夢によるお告げは、ほとんどの民族に共通して認められるが、モン族やアカ族には極めて希薄であるという特徴が認められる。

たとえば、先のプーラット村では、大きな石、濁った水や濁った川の夢を見たら、森を伐ってよい。大きな石は稲の魂であり、濁った水や濁った川も稲の魂であるからである。

この集落以外でも、洪水、濁った川の水、水遊びというような水に関わる夢は、稲の豊作をもたらす夢として語られる。これらの他にも、高い崖に上る夢も伐採許可の夢としてよく語られる。これは、収穫した米が高い山のように盛り上がるように豊作になるという予兆として意味づけられる。

これに対して、誰かがやってきて、水牛が欲しいと探している夢は伐採禁止のお告げである。それは、水牛が畑を伐り拓こうとする人を表し、水牛を探している人は霊の代わりであるので、畑を伐り拓くとその人は死ぬことに繋がるからである。また、自分あるいは誰かが大きな木を伐っている夢も伐採禁止のお告げである。それは、お棺を作るための木を伐っていることなので、人が死ぬことになるからである。さらに、車とか飛行機に乗っている夢はよくない。それは、お棺に乗っているのと同じで、人が死ぬことになるからである。この集落では、一九八六年に、三つのきれいなフンロッ（池）があって、水がとてもきれいになっている場所があったので、悪い夢を見たがかまわずに焼畑にしたら、その年村人が一六人死んだという。つまり、伐採禁止の夢は葬式が行われる予兆として語られ、家族の死や病気に繋がるものと信じられている。

先にあげたコックナン村でも、洪水になった川の夢や、川で泳いでいる夢、特に洪水になった川で泳いでいる夢を見たら伐ってよい。川が洪水で茶色になっている夢は、稲が黄金色になって稔ったのと同じ色で、たくさん稲が穫れる兆しだから一番よい夢である。また、洪水になった川で必死に難儀して泳いでいる夢は、稲作作業に精を出している姿を表しているので、たくさん稲が穫れると言う。

これに対し、水牛にぶつかったり、角で突かれたり、水牛を捕まえたりした夢を見たら伐ってはならない。水牛は、森にいる霊の代表として、伐ってはならないことを告げにきたからである。また、穴に落ちたり、怖い夢を見たときは伐ってはならない。

（5）野生動物による伐採禁止

こうした夢による伐採許可・禁止のお告げの他に、野生動物の出現による霊からのお告げがある。たとえば、カム族が住むルアンパバーン県ムンゴイ郡ドーン村では、伐ろうとする範囲を決めて森に行ったときに、蜂の巣を見たり、ファンと呼ぶ野生鹿の姿を見たり鳴き声を聞いたりしたら、直ちに焼畑にするのを止める。蜂の巣が下がっている形は、葬式でお棺を担いだ形であり、ファンは森の霊の使いで「ここを畑にしてはならない」ということを告げに来ているからである。それを無視して畑にすると病気になったり、死んだりする。ファンは死体を見た場合もただちに伐採を止めなければならないという伝承が広く信じられている。森に住む霊の使いとしてのファンの姿がうかがわれる。

（６）水源による禁忌

これに対して、アカ族はそれらとはやや異なった伝承を持つ。ルアンナムター県ヤールー村の例を挙げてみよう。

先ず、焼畑に森を伐ろうというころに出かけていき、水源があったら伐採してはならない。特に、水が湧き出してその先で地中に消える水無瀬川になっているところは、ネ（霊）がいるので伐採すると人が死ぬ。そうしたところは、塩分があって野生動物たちが水を飲みに来るところなので伐採場所から除外する。普通に水が流れている水源のところは、悪い夢を見た場合には伐採してはならないが、そうでなければ伐採してもかまわない。また、その水無瀬川の上側の場所も、伐採すると水源に悪い影響を与えるために、霊が怒るので伐採してはならない。

また、水の霊である犬に噛まれる夢を見たら、森に水の霊がいることになるので伐採してはならない。犬の夢を見ても噛まれなかったら、人間が水の霊に勝ったことになるので、伐採して畑にしてもよい。また、僧侶も水の霊なので、僧侶の夢を見たら森には水の霊がいるので伐採してはならない。

さらに、大きな木に大きな穴が開いていてそこに水がたまっていたら、ボテーラホ（蛇）がその水を飲みに来るので、伐採してはならない。その木そのものにもネ（霊）がいて、伐採するとネもボテーラホもどちらも怒るので、伐採してはならない。

また、森の中に棺を作るために伐採した木の伐株がある場合は、儀礼をしてからでないと伐採してはならない。

さらに、自分の家族が去年作った畑と今年の畑とが接近していると人が死ぬ。どうしても畑を作らなければならないときは、両方の畑の間に道を造って繋ぎ、そこに稲の種を播く。その稲は育とうが育つまいが関係ない。両方の畑の間に、他の家族が畑を作っていたらそうしたことはしなくてもよい。しかし、両方の畑の間に川が流れていて、魚が泳いでいたら両方を繋ぐ道を造ることも稲を播くこともしなくてよい。

以上のように、選択する場所を焼畑地に出来るかどうか、儀礼的に判断する場合は「水」が大きな基準となり、それは竹の森を選択する場合と同様である。すなわち、焼畑における稲作は、「水」を抜きにしては語れないのである。

こうして、焼畑予定地の伐り拓きが可能になったら、伐採作業にはいる。

焼畑の伐採技術と儀礼

(1) 伐採儀礼

二月初め頃になり伐採作業を始める。このときはほとんど儀礼が見られない。おそらくは、予定地選定の段階で霊の排除儀礼や夢による占いを行っていることと深く関係しているからであると思われる。たとえば、カム族が住むルアンパバーン県ヴィエンカム郡サントトン村では、カム暦の二月上旬（西暦の一月上旬）伐採を始める。そのとき伐る前にボン・コン・ハレッ（場所・儀礼・焼畑）という儀礼を行う。朝、ブリッ（唐辛子）、ラーンタレン（砥石）、スークルー（レモングラス）、ハラウエッ（生姜）、マール（塩）を家から持参して、夫婦で伐る予定の森に行く。予定地の真ん中を二メートル四方くらい伐る。女主人が火を起こし、男主人は砥石の台を作りタランウエック（山刀）を研ぐ。

次に、男主人はタラー（ラオ語名マイヒヤ）やチョーイ（ラオ語名マイソッ）の竹串に、ブリッ（唐辛子）、スークルー（レモングラス）、ハラウエッ（生姜）を刺して火で焼きながら、「ここがよい土で、よい畑になりますように、山の霊や森の霊に遭わないように」と唱える。これは伐採予定地内にいるローイ（霊）をその臭いで追い払い、来なくするために行う儀礼で、そうしないと家の人が病気になったり、死んだりする。これを済ませて一服してから、本格的に伐り始める。このように本格的に伐り始める直前に、霊の排除の儀礼を行う例もある。

また、タイプアン族が住むフアパン県ヴィエントン郡タムラーニュアー村では、伐採許可の夢を見たら、コー・ピー・プー（お願いする・霊・森、山）という儀礼をして伐り始める。蝋燭を五本持っていき、二本ずつ二組をバナナの葉に花と一緒に包み、木の棒の両端に付ける。残りの一本はその真ん中に付けて地面に立てて、「ここを畑に伐ります。ここにいる霊は伐らない場所に移ってください。そして、無事に伐らせてください」と唱えて、ピー・プーにお願いをする。それでも、伐採の最中に人が倒木の下敷きになったら、その周囲全部の伐採を取りやめる。これは、ピー・プーがこの森を伐ってはならない、伐らないでくれと言っているのだという。ただし、川や山で隔てられている場所は伐採してかまわない。ここでも霊の排除と許可を得るための儀礼を行う例が認められる。

しかし、ヤオ族が住むフアパン県ヴィエントン郡ホアイトン村では、伐り始めるときには特別の儀礼は行わない。それは、既に一二月三〇日の新月のチャーヒヤンの祭（新しい年を迎える祭）のときに、先祖に「焼畑を伐るときには、安全にしてください」とお願いしてあるからである。しかし、伐採作業の途中に、チュン（鹿）が泣いたときやロー（土竜）が昼間に歩いているのを見たときは、伐採するのをただちに止める。それは、ピャオミエン（家神右主）が、伐採すると何事が起こるか分からない、人が病気になる、人が死ぬ、お米が穫れなくなるなど、悪いことが起こるということを、事前に教えてくれているのである。ヤオ族やモン族の間では、焼畑の儀礼が少ないことの理由に、新しい年を迎える祭のときに先祖にお願いしてあるからという理由を挙げるが、伐採の途中の出来事を先祖の霊の意思表示として伐採を中止することがある。これは、森の霊が意思表示をしているとするカム族の説明とは際だった違いを見せる。

（2）再生を促す伐採

ラオス北部の焼畑の風景を見て感ずることの一つに、伐り株が根伐りでなく中途から伐られており、その伐り株から新芽が伸びていることである。その理由をどうしてかと聞くと、大概の場合は作業を立った姿勢で行うことが出来るからやりやすいという答えが返ってくる。

しかし、カム族が住むルアンパバーン県ムンゴイ郡ドーン村で聞き書きした次の伝承は注目してよい。それは、収穫作業の昼食の準備のとき、畑に残っていた胸の高さくらいの伐り株の上部を、まな板にするため立てたまま削りだしたときのことである。その男性は、これぐらい伐り取ってもこの木は死なないのだと言う。さらに、これくらいの高さで伐り倒すと、途中まで枯れても根元は生きていて、直ぐに新しい萌芽が出てくるが、根元の近くで伐り倒すと全部が死んでしまうと説明するのである。

また、カム族が住むルアンナムター県プーカー郡プーレット村でも、太股くらいの大きさのより大きな木は、胸の高さくらいの所から伐り倒す。その理由の一つは、その木が死なないのでまたその伐り株から新しい芽が出てきて再生し、地面に水分が残るからということである。逆に、根元のところから伐るとその木が死んでしまい、畑に水分が残らないからであると言う。カムクエン族が住むルアンナムター県ナムター郡チャルンスット村でも、全く同じことを伝承している。

つまり、根伐りにせず途中から伐るのは、焼畑跡地の再生を配慮した伐採技術であるということである。伐り株から新芽が伸びている焼畑跡地の風景は、そうしたことを教えてくれているのである。

こうして伐採が終わると、次は焼く作業へと進む。

焼畑の燃焼技術と儀礼

（1）焼き始め儀礼

焼き始めに霊を排除する儀礼も、伐採始めの儀礼同様に多くはないが、それでも若干の例が認められる。

たとえば、先のタイプアン族が住むパットタイ村では、伐って一ヶ月ほど乾燥させて焼く。昔は森が深いときはパイピー・パイテバダ（話をするピーと・話をするテバダと）という儀礼を行っていた。テバダというのは、ピーよりも位の高い地位にいて、人を守ってくれるよい霊である。家からラオハイ（米の発酵酒）の壺を二つ畑に持ってゆき、一壺に四本の竹のストローを挿して水を汲む物やカオラオ（角杯）を置いて、「これから畑を焼きます。ここにいるピーやテバダたち、このラオハイを飲んで、立ち去ってください」と唱えて、その後、人がラオハイを飲んで、燃やし始める。現在は、森が若いためピーやテバダがいないのでこうした儀礼は行っていない。また、カム族が住むフアパン県ヴィエントン郡ピエンドン村でも特別な儀礼はしないが、火を入れる前にロイカン（霊・家）、ロイヨン（霊・男）、ロイマー（霊・女）など家の先祖に「今日はこれから畑を燃やします。きれいに燃やせるように、ここにいる霊たちを立ち退かせてください」とお願いすると言う。

これらの儀礼の特徴は、霊を酒で丁重にもてなしたり、お願いをして立ち退いてもらうという形を取っていることで、カム族のように厭な臭いを発して強制的に排除するのとは異なっている。

（2）焼く技術

ラオス北部で焼き方の技術を聞くと、ほとんどが周囲には防火帯を作らず、斜面下側、風上から着火し、斜面上側に向けて焼き上げると答える。日本列島で「逆燃《さかも》え」といって、斜面上側の風下から点火し、下側に向けて焼き下ろしていくという方法になじんでいる者はとっては大きな衝撃である。

しかし、注意深く聞き書きを進めていくと、必ずしもそうした焼き方だけではない例も認められる。たとえば、カムクエン族が住むルアンナムター県ナムター郡チャルンスット村では、焼く前にサウェッと呼ぶ防火帯を、斜面上側は六から七メートル、脇や下側は二から三メートル幅で作り、火が飛ばないようにする。それが終わったら、斜面上側の縁の真ん中から左右に火を付けまわし、下側に少し焼き下げる。こうすると火の勢いも弱くゆっくり燃えて、上側の森に火が飛ばない。ある程度上側が燃えたら、斜面下側に火を付けまわして一気に焼き上げる。これは、カムクエン族の、親やそのまた先祖から行ってきた伝統的な焼き方で、農林事務所などから指導を受けたりしたものではないと言う。また、この村の人々は「モン族やアカ族は、サウェッも作らずそのまま焼いているので、周りの森まで燃やしてしまっているが、我々はそんなことはしない。そんなことをしていたら焼畑にする森がなくなってしまう」と言い、他の民族との違いとともに、森の保護をも視野に入れていることを強調する。

こうした焼畑の斜面上側から燃やす例は、ラオクー族が住むポンサリー県ウータイ郡マイソンファン村でも見られる。この集落では、通常斜面の下側から火を付けて焼き上げるが、焼畑地の上や脇に霊がいる森がある場合は、ミーペーペーと呼ぶ防火帯を作り、斜面上側から半分くらいを燃やして、その後下側の縁に火を付けまわし、一気に焼き上げると言う。この場合は、判断の基準になるのが周辺の森に霊がいるか否かということであり、霊の存在を認識することによって延焼を抑制するシステムが働いていることが分かる。

（3）播種までの作業

焼いた後、播種するまでに行う作業は、大きく二つある。一つは作小屋を建てることである。その建てる位置が問題となる。最も多い例が、焼畑地のほぼ中央部のやや平坦になっているところを選んで建てるものである。その外には、水場に近い焼畑地の下の部分を選ぶ場合もある。この作小屋は、播種や除草などの農作業をする間は休憩や雨宿り、食事などのときに用いられ、穂を扱く収穫作業にはいると聖なる畑の籾倉としてその性格が変わっていく。

もう一つの作業が、焼いた後の燃え残りを数カ所に集めて焼く作業である。この焼き跡は、灰が多く溜まり肥料が多いと言い、特別な種を播く例が認められる。とくに、カム族の場合は、稲の長老の地位に位置づけられるゴッ・ヒヤンという黒米を植えたり、里芋などのイモ類を植えたりする場所として選ばれ、ある種の特別な場所として認識されている焼いた直後に行う儀礼として特に注目しておきたいのは、ルアンパバーン県やルアンナムター県、ボケオ県に住むカム族のいくつかの村で、稲の種を播く前にスローと呼ばれる里芋を植えないと、先祖の霊が怒って稲の収穫をなくしたり、家人を死なしたり病気にするという伝承が存在し、それに基づいたイモ植え儀礼が行われていることである。

たとえば、カムクエン族が住むルアンナムター県ナムター郡プーラン村では、焼畑を焼いたらその日か翌日に、チャオ・ハレッ（小屋・焼畑）を建てる予定地の近くで、ポック・カトン（焼く・卵）というスローを植える儀礼を行う。

先ず、一尋くらいの長さの竹の棒を地面に置き、家から持ってきた鶏の卵をバナナの葉っぱに包んで火で焼いて固めて、ご飯を少し添えて竹の棒の上側に置く。

次に、竹の棒の下側の左右に一株ずつスローを植え、その間にトッキャル（鬱金）を植える。さらに、その周りにラガ（胡麻）を播く。このときスローを植えるのは、ローイ・ラワン（霊・雷）が畑に落ちないように、また森の精霊が稲を盗まないようにするためだと言う。この儀礼が終わった後、畑の伐り株の後などにイモ類を植え付ける。

これは、明らかに稲の播種儀礼に先行するサトイモの種植え儀礼として位置づけることができる。事例が多くない現時点では、断定的なことは留保するしかないが、このことは、ラオス北部のカム族の間において、焼畑農耕として稲に先行してイモの栽培が行われていたことを窺わせるものである。

しかも、この儀礼が、新しい年の始めに先祖にイモを食べさせる「オーッ」という「イモ正月」と組み合わせになっていることを考え合わせると、その可能性は大きいと考えざるを得ない。

焼く作業が終わると、次はいよいよ播種の作業に移る。

播種技術と儀礼

播種作業からは、その作業の一つ一つに「稲の魂」の存在が大きく反映されてくる。つまり、「稲の魂」が畑から逃げないように儀礼を行い、作業を進めるということである。先ず、畑に種を播く段階から見ていくことにしたい。

(1) 播種儀礼と稲魂の継承

ラオス北部の焼畑稲作を行っている人々の間では、畑全体の播種に先駆けて、聖なる畑を設けて儀礼的な播種を行う事例が多く見られる。それらの儀礼の過程をみていくと、焼畑稲作民の稲に対する観念が見えてくる。

たとえば、カム族が住むルアンパバーン県ムンゴイ郡ハッサプーイ村では、アレック・ハレッ（始める・畑）という播種儀礼を行う。焼いた後、畑の真ん中にチャオハレッという作小屋を建てる。これは、焼畑作業時の休憩など生活のための小屋であるとともに、収穫時には畑の籾倉となる。チャオハレッの近くの右側に、水を入れていない竹の水筒を傾けて立てる。その竹筒の近くに、家から持っていったウコン（鬱金）を植える。このウコンは、先祖の時代からこの儀礼で植え継いできたもので、先祖の霊と同じであるから畑を守ってくれるという。水筒とウコンの周りにゴッ・ヒヤン（米・黒）の種を播く。何株播くかは決まっていない。この儀礼が終わったら、小屋の上手に上がりながら中間種を播き、さらに右手下に播いて下る。時計回りに晩稲を左上まで播いて上がり、最後にチャオハレッまで下りながら播く。早稲種は中間、晩稲とは別に、畑の四隅に播く。一日の作業が終わったら、手を洗いその水を竹の水筒の中に入れておく。これは、種播き作業が終わるまで毎日繰り返す。畑全体の種播きが終わったら、竹の水筒に溜まった水をウコンの周りに撒く。これは、畑に播いた種がちゃんと芽を出し、収穫がありますようにという祈りである。

この儀礼の特徴は、儀礼のなかで用いられる種籾が黒米であることである。黒米はカム族の間で「稲の長老」とか「マ・ゴッ（母・稲）」と呼ばれ、稲の中で最高位に位置づけられている稲で、この稲が畑全体の収穫を多くすると考えられている。また、ウコンは畑の稲を守る存在として信じられており、一つの種が継続して植えられていることが特徴で、「ウコンの魂の継承」と呼んでも良さそうである。

また、タイルー族が住むルアンパバーン県ナムバーク郡コックナン村では、ホン・カオ・ヘッ（家・米・最初にする）という播種儀礼を行う。種を播く日の午前中に畑に行き、作小屋の近くにホンカオヘッという祭壇を作る。一メートル四方に区画し、四隅に竹を立てそれぞれ頂点にタレオ（六ツ目編みの竹編み）を付ける。その足下に竹の筒を立て、それぞれに水を入れる。その区画の中央に竹を一本立てて、その頂点にゴザ目編みの竹編みのホン（小さな家）を取り付け、竹の中程に大きなタレオを取り付け、足下に竹筒を立て水を入れる。四隅のタレオの間に割り竹を

図3－4　聖なる畑・ホンカオヘッ（ルアンパバーン県ナムバーク郡コックナン村・タイルー族）

弓なりに差し、外から入れないようにする。ただし、中で儀礼的な種播きが終わるまでは、四面のうちの一方向は解放しておく。ホンから竹で編んだ小さな魚の模型の輪を一列下げて、一番下に竹編みの大きな魚の模型を下げる。ホンの中に花、赤砂糖黍、バナナを供える。ホンを支える中央の竹の足下に、種籾とドクダイ（米の魂に恩を返すお礼の花、通常鶏頭の花）の種を播く。簡単にする人は三株か、五株か、七株しか播かないが、真面目な人は三〇株も播く。この時に種を播く人は、せっかちな人ではダメで、落ち着いて播かなければならない。今年、主人が播いて実りが良くなかったら、次の年は奥さんが播いたり、子供が播いたりする。この種蒔きが終わると、先に開放しておいた入り口を割竹で閉じる。こうすると中に悪いものは入れない。この種蒔きをした人は、その日は火を扱うこ

とはできない。また、畑全体の芽が出るまでは髪を切ってはならない。そうしないと稲の穂がよく出てこないからである。この種播きが終わったら畑全体の種播きを行う。

このように、儀礼的に種播きする区画をタレオを取り付けた柱や割竹で囲ったりするのは、悪霊の侵入を防いで稲の魂の安寧を目的とするものである。また、火を扱うことや髪を切ることの禁止など、稲の豊かな実りを強く意識したタブーも認められる。つまり、この儀礼は聖なる畑で聖なる稲作を行い、稲の魂の安寧を図り稲の豊饒を祈る儀礼であることが分かる。こうした儀礼は、タイ族系やラオ族などの間に広く認められる播種儀礼である。

さらに、アカ族の間には「稲魂の継承」を稲作の重要なこととして意識した播種儀礼が認められる。たとえば、アカアグイ族が住むボケオ県ムン郡ポンサワン村では、畑全体の種播きをする前に「ヤカカド」という播種儀礼を行う。ある一軒の家を集落の代表に選んで、その家の男主人が、作小屋の上側の一画に「コピヤチュン（畑の精霊の片葺の小屋）」と呼ぶ、高さ、幅ともに三〇センチメートルくらいの片葺の小屋を建てる。その後ろ側に、九株の稲種を播く。このときの稲種は、前年の「ホド・ゴ（稲の花・摘み取る）」という収穫始めの儀礼で九株のうちから摘み取ってアピポロ（家の先祖の霊の上に挿してあった三穂の籾と、収穫作業の最後に残してあった九株から摘み取りチェヂ・シャヤマウウン（種籾の籾倉）に入れてあった三穂の籾を、今年の焼畑に播く予定の種籾に混ぜたものである。

この儀礼には、明確に「稲魂の継承」が認められる。聖なる畑に栽培された籾が、翌年の聖なる畑の種籾にはもちろん、一般の畑の種籾の中にも混ぜられ引き継がれていくのである。また、アカ族の間では「九」という数字は、聖なる数字で悪霊を寄せ付けない強い力を持っていると考えられおり、九株という株数だけでその空間の聖性が保持され、稲が守られるのである。

このように、民族の違いによって差異はあるものの、聖なる畑の稲作を畑全体の稲作の象徴とするという意味においては共通した考え方である。

（2）播種の方法と道具

播種の方法は、民族の違いを超えてほぼ共通している。つまり、男が尖った棒を持ち地面に穴を開け、女性がその穴に数粒の稲の種子を指で摘んで入れるという方法で、畑の斜面下側から斜面上側に向かって播いて上がる。

穴を開ける突き棒の、現在用いられているほとんどは、円錐形の鉄の駒を竹や木の柄の先に付けたものである。特殊な形としては、ルアンナムター県やボケオ県などラオス北部の西側に住むカム族系の人々が使用する「トッチュック」と呼ぶ突き棒を挙げることができる。これは、マイクワンという木を長さ六二・〇センチメートル、厚さ三・二センチメートル、幅九・〇センチメートルに削りだし、全体を山型に成形し、その先端を尖らせたもので、それに長さ三メートル、直径三センチメートルくらいの竹の柄を付けたものである。

また、女性たちが種籾を入れて腰に付ける籠も重要な種播き道具である。カムユアン族が住むルアンナムター県プーカー郡プーレット村では、種播きの最後に、作小屋の上側にゴッ・シリ（米・食べてはならない）と呼ばれるゴッ・ヒヤン（米・黒）とゴッ・アンタアンプランいう二種類の稲の種を数株播くが、その稲種入れにはベンクッという網代編みの小さな円筒形の籠を用いる。また、一般の畑に播く種籾入れにはベンケッという菱四つ目編みで編んだ口すぼみの籠を用いる。籠の他には、布製の肩掛け袋などを用いる例などがある。

図3-5　焼畑の種播き（ルアンナムター県モンシン郡）

（3）稲種の多様性

ラオスの稲作で極めて衝撃的なのは、栽培する品種の多様さである。特に、焼畑稲作においてそれが顕著である。平成一七年（二〇〇五）に訪れたルアンパバーン県ナムバック郡の国道一三号線沿いの焼畑における体験は強烈なものであった。佐藤氏が両手で掴んだ稲穂を見ると、そこには九種類にも及ぶ稲の種類が混じっていたのである。その後、訪れる集落ごとに稲の種類を聞き書きしてきた。現在、武藤千秋氏及びカウンターパートであるラオス国立農業・林業研究所のヴィエンポン氏とともに、調査集落ごとに可能な限り多くの稲の種子の収集に努めている。その結果を見ると、最も多い集落では二二種類にも及び、平均的にも一〇種類を越える。

たとえば、平成二〇年（二〇〇八）一二月に訪れたヴェトナム北部国境に近いポンサリー県マイ郡オムカネン村の例を挙げてみよう。この集落は、標高五〇七メートルにあり、戸数三七、人口二三〇人で、伝統的には焼畑稲作を行ってきたカムクエン族が住む村である。このうち一七戸は焼畑のみを耕作し、残りの二〇戸は水田も耕作している。水田稲作は一九九五、六年頃から開始した。耕地面積は、焼畑が各戸約一・〇ヘクタール、水田が全体で一四・〇ヘクタールである。この集落で収集した二二種類の稲の種子を見てみると、焼畑に栽培する種子は、早稲四種（粳一種、糯三種）、中間九種（全部糯種）、晩稲七種（粳一種、糯六種）、中間・晩稲一種（糯種）で、早稲、中間、晩稲ごとにそれぞれ複数種の種子を持っていること、糯が中心ではあるが早稲と晩稲に粳を一種ずつ含んでいることが分かる。それに対して水田に栽培する種子は、早稲・晩稲は一種もなく、中間一種（糯種のみ）であり、しかも、それはTDK1というハイブリッドの品種であった。これを比較すると焼畑栽培の種子の多様さに比べ、水田栽培の種子は単純・画一的であり、両者の間には歴然とした差異が見て取れる。

また、平成一九年（二〇〇七）一月に訪れたポンサリー県の南東に位置し、やはりヴェトナム北部国境に近いフアパン県ソップバオ郡ポンバオ村は、伝統的には水田稲作を中心に行ってきたタイデン族が住む村である。この集落は、標高二六〇メートル、戸数五二、人口二八〇人で、耕地面積は、水田が一六・〇ヘクタール、焼畑が八・〇ヘクタールで、水田が優位な状況にある。この集落で聞き書きした伝統的な稲の種子を見ると、そのうち焼畑に栽培する種子は、早稲三種（全部糯種）、中間四種（全部糯種）、晩稲六種である。それに対して水田に栽培する種子は、早稲・中間は一種もなく、晩稲五種であり、焼畑栽培の種子の方が多様さを持ち、水田栽培の種子は中間種を欠き種類が少ないことがわかる。これは、前述したオムカネン村と同様である。こうした事情は、ラオス北部の焼畑稲作栽培を行っている集落では、民族の違いを超えてほぼ同様の傾向を示す。

図３-６　様々な作物が混植された焼畑の陸稲畑（ポンサリー県ブンタイ郡ピンアレッ村・カム族）

この焼畑稲作と水田稲作における差異は、何を物語っているのであろうか。その理由を焼畑稲作を行っている人々に聞くと、先ず「水・雨」との関連を挙げる。それは、その年が雨年であるか、日照りの年であるか、伐り拓いた焼畑地の土壌が水分を含んだ土地であるか、乾燥した土地であるかによって、それに適する種を決定するというのである。先のポンバオ村では、一戸当たり焼畑には一年に四種類くらいを播くが、水田には一種類だけを播いているという。焼畑に沢山の種類の種子を播く理由を聞くと、種を播くだけで作業が簡単であること、それぞれ（早稲、中間、晩稲）の熟れる時期が少しずつ差があるので、収穫作業が分散できること、一つの品種が出来なくてもほかの品種が出来るので安心であることを挙げる。これは、焼畑稲作が気象条件、畑地の土壌の条件に柔軟に対応しながら行われていることを意味し、その多様な対応の仕方がそのまま稲の種子の多様さを表しているのである。さらに、稲の名前にそれを所有している民族とは異なる民族の名前が付けられている例が認められ、民族の枠を超えて稲種の交換も盛んに行われていることが分かる。こうしたことも、稲種の多様性を高めている一因になっていると思われる。逆に、水田は、沢山の種類を作ると苗床を沢山作らなければならないこと、一種類であっても灌漑しているので雨が降らなくても安心で、毎年出来るのが分かっていることを理由に挙げる。

（4）稲と多様な作物の混播

しかし、焼畑稲作の多様性は、稲の種子だけに見られるものではない。次に、同じ焼畑に稲以外にどんな作物が混播あるいは混植されるかに触れながら、その多様性について述べてみたい。ラオス北部の焼畑稲作では、稲だけを栽培している事例は皆無と言ってよい。平成一〇年（一九九八）五月に見た、稲が発芽した直後の一枚の焼畑は印象的であった。作小屋の周囲の鶏頭の花や茄子、伐り株に巻き付いた胡瓜や糸瓜、稲株の間のサトイモ、西瓜やカボチャ、キャッサバなどの風景は、それまで

表3-1　稲種とは混ぜないが、同じ畑の中に播く作物

		1	2	3	4	5	6	7	8	9	10	11	12	13	14	15
		糸瓜（長い）	糸瓜（短い）	冬瓜	南瓜	瓢箪	里芋	芋	茄子	隠元豆	玉蜀黍	生姜	唐辛子	レモングラス	胡麻	鳩麦
タイ	パットタイ村 タイデン族	○							○	○				○	○	
	レン村 タイデン族	○	○				○	○	○							
	タムラーニュア村 タイプアン族	○		○	○	○	○				○	○		○		○
カム	ブンシアン村 カム族	○			○				○		○		○		○	
	ピエンドン村 カム族	○			○		○		○	○			○			
	サントン村 カム族								○		○					○
モン	オムブリン村 モン族															
ヤオ	ホアイトン村 ヤオ族								○		○					○

南九州の焼畑や常畑でいくらかの混播・混植を見ていた筆者にとっても、その多様さには驚くばかりであった。

　その後、混播・混植の在り方を注意深く見ていくと、稲種と混ぜて播く方法と稲種とは混ぜないが同じ畑の中に播く方法とがあることに気づかされた。それを紹介してみたい。

①稲種と混ぜて播く種

　表3-1は、平成二〇年（二〇〇八）二月から三月にかけて訪れたフアパン県サムタイ郡及びヴィエントン郡とルアンパバーン県ヴィエンカム郡のタイデン、タイプアン、カム、モン、ヤオ族の村での聞き書きの結果をまとめたものである。これを見ると、民族の枠を越えて例外なく稲の種と一緒に混ぜて播かれているのは胡瓜である。さらに、ヤオ族を除いては冬瓜も同様の結果である。この二種類の作物は、いずれも蔓が地面を這って成長し、稲株に巻き上がらないからであるという。しかも、胡瓜を播くのは夏の草取り時分に、喉が渇いたときに水代わりに食べるのだという。カム族が住むウド

ムサイ県サイ郡サナンピー村でも、スンキャル（胡瓜）は、草取りなど喉の渇いた時に水の代わりに食べるもので、必ず横切りに切るもので輪切りにしてはならないという。

胡瓜と冬瓜は、焼畑と洪水を物語る伝承である、奄美諸島の天人女房譚においても重要な要素を占める。それは、天の世界に帰った天人女房を追いかけて天に昇っていった男が、天人女房の父が課す焼畑作業に関する難題を女房の教えに基づき次々にこなしていくが、そこで播く種が胡瓜や冬瓜という瓜であり、収穫した瓜を切るときに父の言うとおりに輪切りにしたため、洪水が起き男は流されてしまい、女房とは一年に一回、七夕の夜にしか会えなくなったという七夕起源を語るものである。また、熊本県五木村や宮崎県椎葉村など九州山地の焼畑地帯においても、瓜（特に胡瓜）が焼畑民にとって喉を潤す水であるという認識があり、ラオス北部においても九州山地から南西諸島においても、焼畑に混播される作物として重要な地位を占めていると言える。

また、ラオクー族が住むポンサリー県ウータイ郡マイソンファン村では、ローリーと呼ばれる実の白と黒の稗を稲と混ぜて播くと言う。ラオス北部においても、稲以外の穀物が混播されていたことが分かる。

②稲種とは混ぜないが同じ畑の中に混播・混植する種

表3-2は、表3-1と同じ集落における聞き書きによって得た、稲種とは混ぜないが同じ畑の中に混播・混植する種の種類をまとめたものである。種の種類は、延べ一五種類に及んでいる。その中で

圧倒的に多いのは、茄子であり、糸瓜である。これらは、除草や収穫時に畑の作小屋でスープなどの料理にして、ご飯と一緒に食べたりするのに利用されるのである。特に、糸瓜は成熟した中身の繊維質部分を、蒸し器の底に敷く敷物にも用いられており、蒸しの食習俗でも重要な位置を占めている。

表3－2　稲種と混ぜて播く作物

		1	2	3	4	5	6
		胡瓜	冬瓜	胡麻	隠元豆	砂糖黍	西瓜
タイ	パットタイ村 タイデン族	○	○				
	レン村 タイデン族	○		○			
	タムラーニュア村 タイプアン族	○	○	○			
カム	ブンシアン村 カム族	○	○		○	○	
	ビエンドン村 カム族	○	○	○		○	
	サントン村 カム族	○	○				
モン	オムブリン村 モン族	○	○				
ヤオ	ホアイトン村 ヤオ族	○					○

また、この表には現れていないが、瓢箪類もまた混播される作物の中で重要な位置を占める。それは食用に利用されるもの、物を入れる容器類に利用されるものとがある。瓢箪を用いた容器類には、水を入れて運んだり貯蔵するための水筒や水を汲む柄杓、種物を保存する筒、蒸したご飯を入れるお櫃、スープを掬うスプーンなど多様な物が見られる。

つまり、稲種と混ぜて播くかどうかは別にして、焼畑における混播・混植の技術は、その量の多少に関わらず、その作物が焼畑民の食や生活道具を含めた、生活の文化全体のシステムの中に位置づけられた、極めて重要な焼畑作物であることが分かる。

焼畑稲作で重要な作業の一つは、除草作業である。

除草

(1) 除草の方法と道具

ラオス北部では、除草作業は三回行うのが通例で、最初の二回は小さな手鍬、三回目は鎌で切ったり、手で引き抜いたりする。たとえば、カム族が住むルアンパバーン県ヴィエンカム郡サントン村では、除草作業のことをヨウヘン・ハレッ(草を取る・焼畑)と呼ぶ。早稲の場合は二回行い、第一回目は稲の背丈が一五~二〇センチメートルぐらいに伸びた時期に、大きいウエック(除草小鍬)で土を起こすようにして草を取る。第二回目は、稲の背丈が腰の高さくらいに伸びて、穂が出ようとするころに、小さいウエックで土を削り取るようにして草を取る。中間稲と晩稲は三回除草を行い、第一回目は稲の背丈が一五~二〇センチメートルぐらいに伸びた時期に、大きいウエックで土を起こすようにして草を取る。第二回目は稲の背丈が胸の高さくらいに伸びて、まだ穂が出ないころに、小さいウエックで土を削り取るようにして草を取る。第三回目は、穂が出たときに草を手で抜き取る。

(2) 物言う雑草

ラオス北部の焼畑地帯では民族の差異を超えて、ツユクサが人間を脅し、騙すという伝承を聞く。たとえば、カム族が住むルアンパバーン県ヴィエンカム郡サントン村では、焼畑稲作で一番困る雑草は、ツユクサの一種であるチッタゴーン(ラオ語名ニャーカッピー)と呼ぶ草であると言う。焼畑いっぱい生えて稲によくない草で、人間が引き抜くと「(俺を引き抜いて)切り株の頭に置くと実がなる。(俺を引き抜いて)倒木の上に置くと花が咲く。(俺を引き抜いて)土の上に置くと腐って死ぬ」と言って人間を脅迫し、騙す。カム族の間では、このサントン村の例以外にも、抜いた草を「土(地面)」に廃棄すると「死ぬ」と言って騙すと語られる例がある。

また、タイデン族が住むホアパン県サムタイ郡ナムクアン村でも、焼畑で一番困る草はやはりツユクサの一種であるニャーカップという草である。この草は、除草する人間に対して、「(俺を引き抜いて)倒木の上に捨てると、馬の背中に乗っているみたい(に気持ちがよい)。(俺を引き抜いて)燃え残りの木の上に捨てると、冬の寒い時期に太陽に当たっているみたい(に暖かくて気持ちがよい)」と言って人間を騙す。タイ族系やラオ族の間には抜いた草の廃棄場所として「川に流す」、「火中(焼く)」などの例があり、カム族との違いが際だっている。これらの伝承は、語られる要素は民族の差異が認められるが、いずれもツユクサの持つ耐乾性の強さと繁殖力の強さに注目し、人間を騙し、愚弄し、脅迫する草として共通して語る点に特徴がある。

(3) 除草作業の起源譚

カム族の間には、除草作業の起源譚が伝承されている。たとえば、ルアンナムター県ナーレー郡トントーン村では次のような話が伝えられている。

昔、ワール（除草小鍬）は自分一人で草取りをしていた。その代わり、ワールが水を飲みたいときには、人間が水を運んでいかなければならなかった。ところが、ある女性が水を持っていくのが遅くなった。ワールは、伐り株の上に腰掛けて待っていた。その女性は、「ワールよ、お前はどこにいるのだ」と叫んだので、ワールは驚いて伐り株から落ちてしまってそのまま動かなくなってしまった。その女性は、落ちたワールを自分の家に持ち帰ってきた。それ以後、ワールは自分で草取りをしなくなってしまった。だから、人間が草取りをしなければならなくなった。

このように、人間の悪行によって自らが除草作業をしなければならなくなったと語るのは、カム族に特徴的に認められる伝承である。

生育促進儀礼

一回目の除草が終り稲がある程度成長した時期に、さらに成長を促し豊作を祈願する儀礼が行われる。

たとえば、タイルー族が住むルアンナムター県ナムバーク郡コックナン村では、種を播いて二ヶ月経ち、稲の丈が膝の高さぐらいになったころ、ホンカオヘッという儀礼を行う。聖なる畑の稲の前に、家から持ってきたガイ・メイ・ウーン・カオ（鶏・雌・抱く・稲）と呼ぶ、家族で育てたうちのよく卵を産み、よく雛を育てる鶏と、パーシュウ（雄）、パーカン（雌）という生きた魚二匹をホン（お供え用の小さな小屋）の中に生きたまま供える。さらに、その家の女性が使っている首飾りや髪飾り、スカートなどをホンに掛け、その上に傘を掛ける。次に、ホンを支えている竹の柱と作小屋とを、白い木綿糸でつないで、僧侶に頼んで米の魂が集まってくるように、詞を唱えて祈ってもらう。僧侶の祈りが終わると、魚掬い用の三角網を持って、畑全体を掬いながらその人が畑の中のものできれいだと思う石やその他のものを入れて、ホンを支えている竹の柱の足下に置く。その後、パーシュウ、パーカンの二匹の魚を川に帰してやる。この儀礼に鶏と魚を供えるのには次のような伝承がある。

昔、タイルー族は米作りはしていなかった。パーマイ・ヒーマパーン（森・豊かな野性）という山の中に直径が七拳の粒の大きな稲の穂があって、収穫の時期になると、ラオカオ（籾倉）をきれいに掃除して鐘をポーンと叩くと、籾が飛んできて独りでにいっぱいになるものであった。

ところが、あるとき、主人を亡くしたメーマイ（寡婦）のおばあさんが、ラオカオを作り直していた。ところが、一人だけの作業であるため手間取り、完成しないうちに手に持っていた棒が鐘に触れてしまった。他の家のラオカオは籾を迎える準備が終わっていたので、飛んできた籾でいっぱいになった。しかし、おばあさんのラオカオは準備が終わっていなかったため、飛んできた籾は外に溜まっていた。おばあさんは、悔しさの余り怒って棒でその籾を叩いたところ、現在のように小さな粒に割れて、村の全部の籾が川や森に飛んでいってしまった。

森に逃げた籾はカイパー（野鶏）が保管し、川に逃げた籾はパシュウという種類のナンタロタラーンという名前の雌の魚が保管した。それ以後一〇万年間、タイルー族は籾がなくなってしまった。ところが、一〇万年後、あるお金持ちの女性が、ヒーン（三角網）を持って川に魚取りに行ったところ、パーカンという種類の雄の魚を捕まえた。彼はナンタロタラーンの恋人であったので、彼女は「恋人を捕られたら困るのでパーカンを助けてください。その代わり、稲を差し上げますのでパーカンを返してください」とお願いをした。女性がパカーンを返すとナンタロタラーンは稲をくれた。その時からタイルー族は再び稲を手に入れ、稲作りを始めることができた。だから、ホンカオヘッの儀式にガイ・メイ・ウーン・カオとパーカン、パシュウの二匹の生きた魚を供える。

つまり、この成長を促し豊作を願う儀礼は、こうした飛来する巨大米、逃亡する稲、野鶏（雌）と魚（雌）による保管、稲の復活、稲作の起源を語る神話に支えられた儀礼であることが分かる。儀礼に呼び招いた稲魂は鶏（雌）と魚（雌）が供えられることで安寧になり、稲の復活を掬った三角網で畑の宝を掬い供えられることで、稲の豊饒が約束されるのである。

また、カム族の間では、鶏や豚、水牛などを供犠して、稲の魂をもてなし、稲の豊饒を祈る儀礼を行う。たとえば、ルアンナムター県ナーレー郡サムソン村では、稲が実る前、まだ籾が青い頃に稲の収穫が多くなるように、ラマン・ゴッ（魂・稲）という儀礼を行う。畑の作小屋の近くに、チョッ（マイボンの竹）を一本（儀礼を行う人によって本数は変わり、多い人は一二本立てることもある）立てる。チョッには、各節ごとにポッチョ（削り掛け）を施し、その先端からシュローイ（竹の輪を連ねたもの）を下げ、その先端にシン（鳥）、カ（魚）、ホイ（蝉）の竹で編んだ模型を付ける。チョッの根元に円形の食台を置き、その周りを竹串の柵で取り囲む。食台の上に卵、花、ビンロース（女性が噛む檳榔樹の実で作った嗜好品）、お金（コイン）を供える。次に、チョッの根元で豚を殺して、その生血をチョッの根元に掛けながら「ここで豚一頭を殺して、お供えしました。ラマンゴッ（稲の魂）たちは、ここに来て食べてください。食べたら稲をきれいに実らせてください」と唱える。豚を調理したら、肝臓、肺、頭、尻尾、後足一本（これだけは生のまま）を、先と同じ言葉を唱えながら食台の上にお供えする。その後、みんなで豚の料理を食べる。

ここでも、鳥と魚の姿が見られ、稲の魂を安寧にさせる仕掛けであることは間違いない。また、蝉は涼しさをもたらし、豚肉のもてなしも稲の魂を喜ばせるのである。民族ごとに儀礼の具体的な内容は多様であるが、稲の魂に対する畏れと敬いの念が儀礼の中心であることは、共通した観念であると言える。

これらの他にも、病気の排除や落雷防止など稲の成長を促す儀礼が多様にみられる。こうした段階を踏んで実りの時期を迎え、収穫作業が始まるのである。

多重構造を持つ収穫儀礼

収穫作業に伴う儀礼も多様である。民族によって、未完熟の稲を収穫して焼き米として食べる収穫始めの儀礼、本格的な収穫作業の開始時に行う儀礼、脱穀儀礼、村の籾倉に運び込むときの儀礼など、民族によって様々である。ここでは、アカ族の住むルアンナムター県ムンシン郡ヤールー村の例を中心にみていきたい。

(1) 収穫始めと新米を食べ始める儀礼

先ず、オド・ゴ(穂・摘み取る)という儀礼を行う。稲の穂が半分黄色になり、半分は青みが残っているころに行う。これは最初に新米を食べる儀礼である。

先ず、畑に行くのは男性(家の長男あるいは二男でもかまわない。息子がいないときは甥でもかまわない)と、女性(女主人あるいは娘のどちらか)の一組である。男主人は行ってはならない。もし、男主人が出かけていって、途中で蛇が道を横切っているのに出会ったらそれ以降アピポロ(家の先祖の霊)に関わる儀礼を行うことができなくなるからである。家を出るときには、ペトン(黒布の肩掛け袋)を肩に掛け、男性は左右の手に囲炉裏の灰を一掴みずつ掴んで家を出る。村のロコーン(村の出入口の守護門)を出てしばらく行ったら、先ず右手の灰を撒き、次に左手の灰を撒く。これは、道の左右から蛇が横切らないようにするために行う。

畑に着いたら、ポペチョン(聖なる畑の片葺の小屋)の後側に種播きした稲株の中から、実りのよい三本の穂を、一番穂先に近い葉のところから摘み穫りペトンに入れる。さらに、普通の畑の粳稲と糯稲とを、それぞれ両掌で一杯分扱き穫ってペトンに入れる。ポペチョンの後側に種播きした稲株を刈り穫って、ポペチョンの屋根の上に乗せて家に帰る。

家に帰ったら、アピポロホニというアピポロの柱にペトンをそのまま掛ける。シエピュー（焼米）を作る。普通の畑で扱き穫ってきた粳と糯の籾を別々に分けて鍋で煎る。少し冷まして小臼で搗いて、籾殻や糠を飛ばして精米し、バナナの葉に入れてロコ（水源地）から汲んできた水を少し掛けて包む。この儀礼は大事な儀礼であるので、きれいな赤い雄の鶏を殺す。竹編みの食台の上に、粳と糯のシエピュー、調理した鶏の頭、足、肝臓の肉、ジパ（酒）、ロボ（お茶）を乗せる。

図3－7　焼畑陸稲畑のポペチョン（ルアンナムター県モンシン郡・アカ族）

次に、ポペチョンの後側で摘み穫った三本の穂をペトンから出して、ロコの水で洗って食台の上に扱き落とす。三本の穂の茎は、アピポロのカテ（棚）に掛かっているオドチェヌという輪に掛けておく。男主人は、その食台をアピポロの前に運び、アピポロカテに少しずつ供える。男主人は、アピポロカテから供物を下げて肉を少し食べて、女主人、息子、娘の順に食べさせる。その後、焼米を家族で食べる。

三本の穂から食台の上に扱き落とした籾は、種播きのときに残した種籾の袋に一緒に入れて、アピポロの下（女主人が寝るときの頭の近く）に保管する。この袋の籾をシェユダマと言い、翌年の種籾に混ぜられる。

ただ、飯米が不足してきたらオドゴの儀礼を早めて行う。それは、この儀礼をしなければ新米を食べることは禁じられているからである。アカアグイ族が住むボケオ県ムン郡ポンサワン村でも、食べる米が不足してきたら「ホド・ゴ（稲の花・摘み取る）」を早めて行う。まだ、青い籾を扱いて鍋で炒って、天日に干して、精米して「ホ・スー（米・新しい）」と呼ぶ焼米を作って、アピポロに食べさせ、自分たちも食べる。これを済ませたら後は、焼米を作って食べてよい。

また、カム族やタイ族系、ラオ族の人々の間でもこうした飯米不足を補うための、焼き米が行われている。カム族が住むウドムサイ県サイ郡ナムレーン村では、昔は、飯米が足りなくなったとき、ゴップラウップという焼米を作って食べていた。ルイッ（泥棒）をしに行くといって畑に行き、正式な畑の入口とは違うところから入り、早稲のまだ中途半端で青い米を穫ってくる。家に帰ってきても家の中に持ち込まず、家の外に置く。先祖たちの霊に見られないように家の外で脱穀し、蒸して、天日で干して、精米する。食べるときは、家の中で食べる。ゴパラウップは少量ずつ何回も作り、年によっては早稲の稲をすべて食べ尽くすこともある。

このオドゴという儀礼が終わったら、一般の畑の稲の収穫を始める。稲を刈りとったら、徐々にチェプン・バウ（稲小積み・運ぶ）にする。

（２）村の籾倉に運び込む儀礼

畑の稲刈りが全部終了したら、チェプン・マ（稲小積み・大きい）という儀礼を行う。ポペチョンの後側の聖なる畑に種播きした稲を刈り穫って、穂を里芋の上に乗せたチェプン・マを二つ作ってポペチョンの前に供えて、畑の中のそれぞれのチェプン・バウの籾を脱穀する。昔は、足で揉んで脱穀していた。それが総て終わったら、最後にチェプン・マの籾を足で揉んで脱穀する。チェプン・マの一つの方の籾は、家の籾倉に最初に運び込み中央に置き、それに小石を入れる。その後、畑の脱穀した籾を全部運び込む。ここには、聖なる畑の稲の魂を一般の畑の籾にも移し伝えようとする、呪術感染的な意思を読みとることができる。

（３）種籾の籾倉に収納する儀礼

家の籾倉に籾を運び込み終わったら「ポユペェ」という儀礼を行う。翌日午前七時から八時ころに、アピポロの下（女性が寝るときの頭の近く）に保管してあったシェユダマと呼ばれる籾と、チェプン・マの儀礼で残してあったもう一つの籾とを混ぜて、チヂマゴン（種籾の籾倉）に持っていって納める。そのときに、チヂマゴンの中のガーチガウ（鶏の卵）が割れていたら取り替え、割れていなかったらそのままにしておく。

次に、シマとポハという二種類の木の葉を準備する。さらに、ホチャチャペ（糯米のおかゆ）、ジパ（焼酎）、ロポ（お茶）を、それぞれバナナの葉に包んだものを二セット、バナナの葉に包んだゆで卵を一個、ポハの葉に包んだホチャチャペを二個を準備する。それらとキヨ（稲刈り鎌）、竹紐三本をサイカトー（入れ物籠）に入れて畑に向かう。ロコーン（村の出入り口の門）を出てしばらくしたところで、ポハの葉に包んだホチャチャペ二個を道の右、左に投げ捨てる。これは、蛇が道を横切らないようにするためである。畑に着いたらポペチョンの周りをキヨで掃除して、地面に窪みを作ってシマの葉を敷き詰める。その上に家から持ってきたゆで卵を置き、さらにその上からシマの葉で覆う。

次に、聖なる畑に残っている稲株の茎の上側と下側に、バナナの葉で包んだホチャチャペ、ジパ、ロポを、上側には下向きに、下側には上向きに結びつける。

そして、茎の上側と下側の間をキヨで切り離し、上側の茎はサイカトーに入れて家に持ち帰る。下側の包みは、畑を守るポペチョンの霊の食べ物としてそのまま残しておく。隠してあったゆで卵をそっと盗み出すようにして取り出し、サイカトーに入れて家に持ち帰る。

ポペチョンを取り壊して家に帰り、キヨで切り離した上側の茎と包みは下向きにして、チヂマゴンに取り付ける。この儀礼をしたら、今年の稲作作業がすべて終了したことになる。この儀礼をしないでポペチョンを壊さずそのままにしていて、畑の中に水牛が入り込んだら、豚を殺して儀礼をしないと人が病気になって死んでしまうという。

以上みてきたように、極めて込み入った丁寧で慎重な儀礼である。特に、どの段階においてもポペチョンの後側の聖なる畑に儀礼的に播かれた稲をめぐって進められていることが分かる。播種儀礼の項でも触れたように、この稲が毎年の稲の種として継続的に播かれ続けられているのである。これはまさしく「稲魂の継承」であり、このことが稲作あるいは稲作儀礼のテーマであることを物語っている。こうした播種儀礼で播く稲種が継続的に播かれる「稲魂の継承」は、カム族やタイ族系の間にも認められることである。

次に、稲の収穫技術について触れてみたい。

(4) 収穫作業と収穫具

稲の収穫技術は、民族によって大きな違いがあり、歴史的にも変遷を認めることができる。

① 籾を素手で扱き取る収穫方法

カム族は、穂先から籾を扱き穫る方法で収穫する。ベンホットと呼ぶ小さな籠を腹の前に抱いて、片手で稲穂を引き寄せて、もう一方の手で扱き入れる。ベンホットがいっぱいになったら、ヤンホットという大きな運搬用籠に移し、畑の籾倉に運び込むのである。カム族が道具を使わずに、素手で収穫することについての理由は定かではない。しかし、彼らが持つ稲米神話をみると、稲の魂は人間が儀礼をしなかったり、叩くなど乱暴に扱うと逃げて隠れてしまうと信じられており、素手で扱うことが稲の魂を丁重に扱うことと深く関わっていると思われる。

② 穂摘み具を用いる収穫方法

カム族が素手で扱き穫るのに対して、モン族、ヤオ族、タイルー族、タイデン族、タイダム族、ラオ族などの間では、穂首を穂摘み具で摘み穫る方法で収穫する。この穂摘み具は、民族によって形態的に大きな違いがある。

たとえば、モン族は「ヴオー」と呼ぶ穂摘み具を用いる。半月板型の腹の部分に刃を埋め込み、板に開けた穴に紐を通して、その紐を手の甲に掛けて掌に抱くようにして持つ。稲の穂首に刃を当てて、中指と薬指で穂首を引き込んで摘み穫るものである。摘み穫った穂は片方の手に持ち、いっぱいになったら束ねる。

図3−8　手で扱き穫る陸稲の収穫（ルアンパバーン県モンシン郡ドーン村・カム族）

ヤオ族の穂摘み具は「ギップ」と呼ばれ、モン族の半月板型に直交するように丸竹の把手を付けたものである。把手の取り付け方は、板の背の頂点に近い部分に穴を開け、中空の丸竹の側面に切り欠きを入れ、板の穴の部分と丸竹の空洞を合わせて、竹串を通して固定する方法である。丸竹の把手は板を中にして片方が長く片方が短い。長い方は斜めに削って尖らせてあり、そちら側を上にして立てて持ち、中指と薬指で穂首を引き込んで摘み穫るものである。摘み穫った穂は、片方の手に持ちいっぱいになったら束ねる。把手の尖った部分は、摘み穫った稲穂を束ねるときに、髪に挿したり口にくわえたりする。

これに対して、タイ族系の穂摘み具は「ヘヤップ」と呼ばれ、板の形が鳥や魚、虫など様々な形をしているのが特徴である。(9) 把手の付け方、使用方法はヤオ族と変わらないが、把手の長さは手の幅で、両端とも木口切りになっている。とくに、フアパン県やシェンクワン県に住むタイデン族やタイムイ族などのタイ族系の人々の間には、鳥と魚の形のものがみられるのが特徴である。たとえば、タイムイ族が住むシェンクワン県カム郡ポーシー村では、人間の悪行によって森や川に隠れた稲を、鳥と魚が保管していたが、人間の願いで再び人間のもとに持ってきてくれたと語る神話を持つ。だから、播種儀礼では鳥の模型を作って供え、穂摘み具を鳥や魚の形に作ると言う。これは、ルアンパバーン県ナムバーク郡コックナン村のタイルー族が語る、森に逃げた稲は赤色野鶏の雌が、水辺に逃げた稲は魚の雌が保管し、一〇万年後に人間のもとに届けるという稲種復活神話と同根である。いずれも、稲（あるいは稲の魂）と鳥と魚の親近性を強く語る神話である。鳥と魚の形の穂摘み具の腹部に刃があり、そこに稲を引き込んで摘み穫るのは、そここそが稲あるいは稲の魂が最も安心できる象徴的場所を示しているのである。タイデン族が住むフアパン県サムタイ郡ナラ村では、鳥の形のヘヤップで収穫すると空を飛ぶように収穫が進むと語る。これもまた、稲作神話を背景にして具体化した収穫技術であるといってよいであろう。

③ 穂摘み具から稲刈り鎌へ

しかし、こうした穂摘み具が徐々に稲刈り鎌に変化しつつある。その契機は脱粒性の高い品種が導入されたことや水田稲作の導入である。たとえば、先のタイデン族が住むナラ村では、キヨと呼ばれる稲刈り鎌が導入されたのは一九九〇年からである。それは、穂を叩き付けて脱穀できるようになり、そのとき下に敷く竹マットを作れる人が先ず取り入れた。現在では、ビニールシートが手にはいるようになったので、キヨによる収穫が多くなってきた。また、社会の変化で早く刈り穫ることが要求されるようになったことも、キヨを使用するようになった理由である。

しかし、カオターンという品種だけは、穂先を舟の形をした横臼に入れて竪杵で搗いて脱穀しないと籾が落ちないので、穂先から摘み穫る必要から穂摘み具を使う。キヨでは穂先から切れないからであると言う。したがって、伝統的な脱粒性の低い品種が残る限り、穂摘み具は残り続けるであろうし、鳥と魚による稲種復活神話や稲の魂に対する観念も語られ続けられるであろう。

焼畑跡地への眼差し—森を食べ、森を育てる焼畑農耕—

これまで、焼畑の研究は作物栽培が終了するまでを研究の対象とし、その跡地については休閑地として片づけてきた。しかし、ラオス北部の焼畑民にとっては、栽培が終了した後もその跡地は重要な食糧の採集地であり、竹細工はおろか建材の採集地であることが明らかになってきた。例えば、カムクエン族が住むルアンナムター県ナムター郡チャルンスッ村は、一年間稲を栽培したらそれ以後はほとんど作物は作らない。三年目から九年目までをレーンカニョン（若い森）と呼び、再生過程の森と位置づけている。一〇年目から一四年目までをレーンケー（年取った森）と呼ぶ。一五年以上の森を

図3-9　鳥型のヘヤップの使い方（ファパン県サムタイ郡ナラ村・タイデン族）

図3-10　収穫4ヵ月後の焼畑跡地の竹の再生（ファパン県サムタイ郡ドアンドゥ村・タイデン族）

カチャと呼び、再び焼畑に出来る再生した森と位置づけている。再生過程のレーンカニョンでは、竹の子をはじめとして、五〜七月の時期には、ティーモイ、ティータワン、ティートルーン、ティートック、ティーカなどのティー（茸）類やラックンパーイ、クンパーン、ラックリン、ラニョネー、ラカンタトーなどの茸類も採れる。その他には、ラ（野性の野菜）としてラタウエイ、ラプンペッ、ラワンなどが採れると言い、栽培停止後三年目から九年目の森からさまざまな食料を採集していることが分かる。また、そこにはそれらを餌とする猪や鹿などの野生動物が集まり、人間にとって狩猟場ともなりうるのである。これはまさに焼畑跡地を野菜の畑・狩猟場として半自然、半栽培の状態で管理していると言ってよい。

さらに、焼畑跡地の竹については、「ニャンヌン・プッ・ポー・マー（若いとき・食べる・と共に・御飯）、ニャンタオ・シッ・ポー・ヨー（年取ったとき・寝る・と共に・人）」という諺で表す。これは、再生過程に出てくる竹の子は食糧として利用していることを示している。さらに、若い森のみならずレーン・ケー（年取った森）からも家の建材となる竹を採取していることをも示している。さらに、ポンサリー県マイソンファン村（ラオクー族）の「ヒヤポー・シア（蜂の巣は七日）、ヤポー・シヌ（畑の巣は七年）」という諺は、蜂の巣は七日経つと蜂蜜が採れ、ヤポー（三年目の跡地）は、さらに七年経過すると、つまり栽培停止から一〇年経ったら再び畑に出来るということを語っており、焼畑のために必要な休閑期間を象徴的に示している。この森も竹混じりの森であることはいうまでもない。これらの諺は、竹の利用の方法を説明すると同時に、再生過程の森に対する焼畑民の眼差しを示している。

これこそが、竹の強い再生力を認識した「竹の焼畑」そのものなのである。こうした竹に対する認識は、一年目はアワヤマ（粟の焼畑）、二年目は竹の子畑、三年すればもとのタケヤマ、一〇年すればまたアワヤマという、鹿児島郡十島村悪石島《としまむらあくせきじま》の「竹の焼畑」の伝承や、大隅半島東海岸、九州山地の「竹の焼畑」の伝承と深くつながってくる。

つまり、作物栽培だけでなく、焼畑跡地に対する半管理・半栽培・半採集という焼畑民の眼差しまで含めて「焼畑」と捉えて理解することで、焼畑が森を食べ、森を育て再生させる持続可能な農耕であることが理解されてくる。

まとめ

以上、ラオス北部における焼畑稲作の諸相を述べてきた。ここでは詳しく触れる余裕がなかったが、それでも彼らの焼畑における稲作儀礼や稲作技術が、民族ごとに豊かなバリエーションをもって伝承されている巨大米や空飛ぶ稲米、逃げ隠れ復活する稲米、死体化生型稲種起源、盗み型稲種起源、穂落型稲種起源など、稲の魂や稲種の起源・復活を語る神話に支配されていることが見えてくる。

つまり、焼畑地選定における儀礼、聖なる畑における播種儀礼、生育促進儀礼、多重な構造を持つ収穫儀礼や混植を含む種播き、除草、収穫などの様々な場面に、森の霊や先祖の霊、稲の魂たちへの心配りとして反映されているのである。それは、神話に支配された稲作と言っても過言ではない。その結果として森の乱伐を抑制し、森の再生を促し、多様な稲種を保持し、持続可能で、民族ごとに豊かな多様性を持った稲作を成立させているのである。

また、ラオス北部のカム族の間では、稲の種を播く前にスローと呼ばれる里芋を植え、総ての稲の収穫後に里芋を収穫して、新しい年を迎える時に先祖に里芋を食べさせないと、先祖の霊が怒って稲の収穫をなくしたり、家人を死なしたり病気にするという伝承が存在し、それに基づいたイモ植え儀礼、イモの収穫儀礼、イモ正月が行われていることが分かってきた。これは、焼畑稲作に先行して焼畑イモ作が行われていた可能性を示すものである。さらに、佐々木氏らが提唱してきた「照葉樹林文化論」や坪井が主張した日本列島の「イモ正月」などの議論を再検討し、新たな展開の可能性を示すものである。

つまり、こうした東南アジアの焼畑稲作民の視点で、これまで蓄積された日本列島の「稲作文化」を問い直すことによって、硬直化した「水田稲作民族史観」から脱して、多様な民族文化の混在する多文化的な日本列島の有り様を描けるのではないかと考える。

ただ、本文で縷々述べたラオス北部の焼畑稲作が、ここにきて大きな危機を迎えている。それは、これまでの再生過程の焼畑跡地が、悉くゴム林化されてきているという問題である。そこに見える風景は、「若い森」と呼んだ再生過程の森とは無縁の、下草が総て排除され、ゴムの樹だけが生育する姿である。それは人間の欲望を抑制する霊や神話の存在などと遠く離れた世界である。もはや、そこには、再生することのない焼畑跡地が際限もなく展開して行く。その先に見えるのは「水環境の破壊」である。これこそが「農業が環境を破壊するとき」の最先端の現場である。しかし、それだからこそその現状を前にして、これまでに「焼畑稲作民」が蓄積してきた知の総体を学び、改めてその多様な在り方と持続可能な環境との関わり合い方を確認し、その有効性を提示していくしかない。

註

（１）佐々木高明『照葉樹林文化とは何か―東アジアの森が生み出した文明』（中央公論新社、二〇〇七）

（２）坪井洋文『イモと日本人―民俗文化論の課題』（未来社、一九七九）、同『稲を選んだ日本人―民俗的思考の世界』（未来社、一九八二）

（３）佐藤洋一郎は、前掲註（１）の「第三部　討論 照葉樹林文化と稲作文化をめぐって」のなかでその主張をしている。

（４）川野和昭「焼畑と黒米・赤米の関係性―坪井民俗学の発展的継承に向けて―」（『季刊東北学』一八、東北芸術工科大学東北文化研究センター）

(5) 藤原宏志『稲作の起源を探る』(岩波書店、一九九八)
(6) 前掲註(4)を参照
(7) 坪井洋文「稲作文化の多元性—赤米の民俗と儀礼」(日本民俗文化大系一『風土と文化—日本列島の位相』、一九八六)
(8) 前掲註(2)中『イモと日本人—民俗文化論の課題』を参照
(9) 川野和昭「穂摘み具」(秋道智彌編『図録メコンの世界—歴史と生態』、弘文堂、二〇〇七)

本文は、大学共同利用機関法人総合地球環境学研究所研究プロジェクト「アジア・熱帯モンスーン地域の地域生態史の総合的研究一九四五—二〇〇五」(プロジェクトリーダー秋道智彌)と同研究所研究プロジェクト「農業が環境を破壊するとき—ユーラシア農耕史と環境—」(プロジェクトリーダー佐藤洋一郎)の一環として川野が行った現地調査の成果に多くを負っている。

コラム 5

もち米からうるち米へ ―東北タイ伝統稲作の転換

宮川 修一

東北タイの米

インドシナ半島の中央部、具体的にはタイの東北部（東北タイ）およびタイ北部、ラオス、ミャンマー東北部、ベトナム西北部そして中国南部には、もち米を日常の食とする文化があり、もち米の生産が盛んである。渡部忠世氏はこれを「モチ稲栽培圏」と名付けた(1)。東北タイはコラート高原とも呼ばれ、標高一〇〇から二〇〇メートルの緩やかな起伏のある平原である。内陸部に位置するために降雨量も少なく、灌漑水源となる河川も少ないので、栽培に必要な水を降雨に依存する天水田稲作が広く行われている。東北タイの中部以北はタイラオ系の人たちが多く、南部にはタイコラートならびにクメール系の人たちが多い。ちょうどこの民族構成に対応するように、前者はもち米地帯、後者はうるち米地帯に別れている。つまり東北タイにはもち米とうるち米のどちらが主要な栽培品種になり、また消費量が多いのかが分かれる、境界線が引かれているということになる(2)。

東北タイの中央やや西寄りにコンケンという県があるが、ここも典型的なもち米地帯である。その県のある村を一九八〇年代初頭に調査したところ、二〇以上の水稲品種があり、陸稲品種も入れると三〇ほどの品種が村全体で栽培されていた。これらはほとんどがもち品種であり、うるち品種は五つに過ぎなかった。陸稲はすべてもち品種であった。またもち米の栽培面積は水稲全体の約九〇パーセントを占めていた。この時期の東北タイ全体の水稲品種構成については不明であるが、もち米栽培地帯ではこの村と似たような品種構成になっていたものと考えられる。

この村の水田も天水田であり、干ばつや時には近くの川の氾濫による洪水被害を受けて、収穫量は安定していない。土壌は砂質のうえ、七〇年代までは肥料も使わなかったので、収量もきわめて低いものであった。必然的に生産される米も自給用がもっぱらで、農家は三年分の消費量をまかなうような貯蔵量を持つ米倉をもって不作に備えていた。農家はよほど米が余らない限り売ることはなく、当然、販売を目的に米をつくるということはあり得なかったのである。これが八〇年代半ばまでの東北タイのもち米地帯の典型的な稲作の姿であったと言える。

ところが八〇年代後半になると、タイ全体がめざましい経済成長をとげ、東北タイの農村にもその影響が及んでくるようになった。コンケン県の村では耕耘機が普及し、化学肥料の使用が始まり、降雨不足の時はガソリンポンプで河川や池沼から水を補給できるようになった。このことで生産量は増えてきたが、そうではあってもやはりもち米を主体にした栽培は変わらなかった。安心できる自給稲作となったのである。ところが同じもち米地帯の村でも、うるち米の栽培が盛んになり、この米を盛んに販売する村が東部から中部にかけて現れた。つまり東北タイの中央にひかれていた、

図1　もち米を蒸して飯籠に入れる（左は松田明子撮影）

もちうるち境界線が北へ移動を始めたのである。

もち米の品種交代

東北タイにおける一般的なもち米の調理法は、蒸して強飯にするというものである。前の夜または数時間前から水に浸しておいたもち米を、竹の蒸籠に入れ、水を入れたアルミ製の壺にはめ込む。これを火にかけて四〇から五〇分蒸す（図1）。竹製のふたやアルミの鍋のふたなどをかぶせておく。蒸し上がった強飯は日本のものより硬いとされている。これはできた強飯が元の米に対し一・四六倍の重量となり、日本の一・六から一・九倍に比べ水分含量の少ないからである(3)。強飯は、木のお盆に空けて冷まし、飯籠に入れる。普通は朝食時と夕食時に蒸し、朝食昼食のあまりは夕食時にまた蒸し直して食べる（図1）。

かつてはたくさんの品種がありはしたものの、米倉の中では、翌年用の種籾以外は混ぜられてしまい、特にうまい品種といったものは存在しなかったと思われる。ところが八〇年代後半には多くの品種は姿を消し、代わって改良品種ゴーコーホック（RD6）がほぼ独占的に栽培されるようになってきた。村人に他の品種を捨ててこの品種にした理由を尋ねたところ、柔らかくておいしいから、朝炊くと夕方まで柔らかく蒸し直しも要らないから、といった答えが返ってきた。村によっては、多収だから、という答を第一にあげる場合もある。この品種の交代時期は、ちょうど、もちうるち境界線が移動を開始した時期に相当している。RD6自体は七〇年代後半にできた品種であり、八〇年代のはじめには既に各村でもわずかには作られていたものの、大規模に作られることはなかった。RD6が爆発的に増えた背景は、時代的に見てもち米地帯に起きたうるち米への転換と共通するものがあると思われる(4)。

もち米地帯でのうるち米の拡張

八〇年代後半には、上述のように伝統的なもち米生産地帯の一部に、うるち米品種の作付拡大が見られるようになってきた(5)。

筆者が一九九一年から九四年にかけて調査した東北タイ三三四ヶ村のうるち米品種作付率と、KKU-Fordプロジェクトが調査した七〇年代の県別うるち米品種作付率(6)とを比べたところ、ロイエット、ムクダハン、ヤソトンならびにウボンラーチャタニといった中、東部の諸県では、それまでになかった四〇パーセント以上の水田にうるち品種を作付するような村が見られるようになっていることがわかった。(7) 北部諸県ではほとんどが二〇パーセント以下となっている一方、南部の諸県では八〇パーセント以上の村ばかりであり、これら地域では大きな変化は起こっていないと見られた。また、この調査では全くうるち米を作付けしていない村が六ヶ村、逆に全くもち米を作っていない村が二九ヶ村あった。この時点ではもち米はRD6が、またうるち米はカオドークマリないしカオチャオマリ、カオホームマリといった少数の品種が東北タイの水田を覆い尽くすようになっていた。なかでも優良とされるカオドークマリ一〇五（KDML105）は五〇年代末に出された品種であるが、食味がよい上に水不足にも強いとして、天水田の多い東北タイに早くから広まった。

東部にあるヤソトン県の村での調査(8)によれば、七〇年代末まではもち米を自給用に栽培するのみであったが、八〇年代にもち米のRD6が化学肥料と共に導入が進み、水稲生産量は大きく上昇した。その結果消費量を上回る余剰が生まれたが、これらは貯蔵にまわるのではなく、自家消費分を除いてほとんどを販売するようになった。

このような技術改良は多くのもち米栽培村で進んでいたが、コンケン県の村では自給の強化を選び、よほど余ったときでないと販売はしないという方針が変わることはなかった。このような違いの理由は、天水田特有の栽培立地条件、すなわち降雨の安定性の違いにある。東北タイ東部から北部にかけては、南部、西部よりも降雨量が多く、毎年安定的な生産が期待できるのである。ヤソトン県の調査村では八〇年代末にはもち米に代えてうるち米の栽培が増加した結果、自家の食用もち米も足らなくなるので、もち米を購入する農家も現れた。この逆転現象は米の価格差によっている。中田義昭氏によれば、九〇年代初頭、同村での籾販売価格はもち米が一二キログラムあたり四〇バーツ前後であったのに対し、うるち米は五〇バーツ内外と約一〇バーツ高かった。どうせ売るのであれば、農家は価格の高いうるち米を選ぶ。このことから高いうるち米を売って安いもち米を買うという経営も成立できたのである。この価格差はタイ国内では一般的である。特にバンコクを中心として大きな人口を抱える中部タイはうるち米地帯であり、うるち米の需要は極めて大きい。さらに世界最大の米輸出国として、うるち米に大きな「吸引力」を与えている。タイホームマリライスのブランド名は世界に鳴り響いている。

米の安定多収は化学肥料の投入増加とも結びついている。九〇年代初めには、ヤソトン県の村の化学肥料の投入量はコンケン県の村に比べてほぼ三倍に達していた。従来天水田では、干ばつによって投入が無駄になることが多いので、化学肥料の積極的な投入を行わないことが多いが、降雨量の多い地帯ではこの恐れが小さい。

そのような大量の肥料を購入する資金の調達についても、村の立地が関係している。ヤソトン県の場合、土壌の質の関係から、他の地域で盛んになったキャッサバのような商品作物栽培が困難であった。いきおい農外収入を求め、バンコクへの大量出稼ぎが行われた。工場商店等の多いコンケン県とは違い、通勤可能な事業所が少ないヤソトン県では、村人のほぼ半数が出稼ぎに出ており、家計の現金収入のほぼ半分は出稼ぎによって産み出されていた(9)。このお金が化学肥料などの投資を促進したのである。一方米販売による収入は一三パーセントと、出稼ぎ以外の雇用労働の二〇パーセントよりも少なかった。稲作経費は明らかに販売による所得を上回っていた(10)。商品作物としてのうるち米は、それなりの収入をもたらしてはいるが、実際にはうるち米生産は出稼ぎによって支えられてきたというのが、ヤソトン県の稲作構造である。

高価格のうるち米販売を目指す農家は多い。従来からのうるち米栽培地帯でも化学肥料などの投入で生産は上がってきており、現在東北タイ全体ではもち米の生産量をうるち米が追い越したと言われている。それでも農家庭先価格差は二倍程度にまで開いている。

このように、元々はもち米主体の生産であった農村がうるち米生産に転換したものの、村内でのうるち米の用途は販売とわずかの麺加工に限られている。もち米は飯米の他、家禽類の飼料、豚の飼料、僧侶への喜捨、行事儀礼、物々交換と多方面に用いられていて、農村社会では高い価値を維持していると考えられる(11)。

うるち米消費者の増加と電気炊飯器

ところで、もち米地帯の東北タイでも都市の食堂ではうるちのご飯が普通であり、東北タイ料理専門店に行かない限りもち米のおこわは出てこない。農村出身者が都市に住むと、家庭でもうるち米を食べるようになるという(12)。

東北タイの伝統的なうるち米の炊飯は、いわゆる湯取り法に分類される、水を予めたくさん入れて炊き、途中で湯を取り去ってさらに加熱する、というものである。コンケン在住の白井祐子氏によれば、かつては以下のような三つの方法が見られたという。

最も古式の方法は焼き物の壺（モーディン）を用いるものである。このツボは胴体の下方が太く、口がややすぼまった、広口三角フラスコに似た形をしている。その手順は以下のようである。

一　米を洗う。日本の米の炊き方のように、前の晩から水につけておくことはしない。米を炊く直前に、大まかな汚れを落とす程度にザッと洗う。

二　洗った米をモーディンに直に入れる。米と水の割合は、新米の場合は、米一に対して水が三。古い米の場合は米の状態によって水加減を多くすることがある。米と水を入れたら鍋を火にかける。

三　時々かき混ぜて、米がモーディンにくっつかないようにする。混ぜながら米の炊きあがり具合を確かめる。

四　米が柔らかくなったら水をこぼす。こぼした水は捨てずに塩を足して飲む。これはとてもおいしい。

五　水をこぼした後、火を弱火にして再度鍋を火に一五分ほどかける。

六　米のいい香りがしてくる、さわって米が食べられるくらいに柔らかい状態となる、米の色が、炊く前と違った白い色になる、米がはぜる、といったことをみて。火から下ろしてできあがりとなる。

なお、冷や飯はそのままモーディンに残っているので、また火にかけて温め直し、食べる。また、おこげ（カオターン）ができるが、これもまたおいしい。

この土壺にかわってアルミの鍋を用いる方法が広まった。この方法での米を炊く手順は、土壺と全く同じ場合の他、湯をこぼさずに炊くやりかたも行われた。その場合には最初に入れる水の量を少なくする。その手順は、モーディンの場合の三の段階までは同じであるが、水の量が少なくなってきたら火を弱火にする。弱火にした後は、モーディンと全く同じやり方で炊きあげる。この場合もおこげができ、おいしく食べられる。

さらにその後アルミの蒸し器を使う方法も行われるようになったという。その手順は以下のようである。

一　米を洗う。ここはモーディンと同じ。

二　蒸し器の一番下の段に水を半分より少なめに入れる。洗った米を小さな茶碗にいくつか入れて、二段目の蒸し器に入れる。あらかじめ茶碗に入れて炊けば、ひっくり返すだけで美しい形でお皿に盛ることができる。

三　米のいい香りがしてくる、さわって米が柔らかい状態になる、米の色が、炊く前と違ってくる、米がはぜる、といった様子から、米が炊けたとみて、火から下ろす。

ただしこの炊飯法ではおこげも出来ないし、米のお湯も飲めないことになる。

図2　ラオス、ビエンチャンの電気店に並ぶ各種炊飯器

現在、東北タイの家庭でのうるち米の炊飯は、ほとんどが電気炊飯器によっているのではなかろうか。もち米地帯の村の家でも台所に電気炊飯器を見かけることも多くなってきた。一九九一年頃、コンケン県の村の旧知の家に電気炊飯器をみつけたので、理由を聞くと、息子が出稼ぎに行っていた中部タイから嫁を連れて帰ってきた、お嫁さんは慣れ親しんだうるち米を食べるために電気炊飯器も持ってきたとのことであった。電気炊飯器でなくともかまどにかけた鍋でうるちを炊いても良さそうなものであるが、スイッチを入れたら後は勝手に炊きあがってくれるところが、村から町の事業所への通勤などで忙しくなってきた村の青年層に受けているのであろう。今やもち米もガス台の上に湯沸かしと蒸籠を置いて蒸し上げている時代である。薪を集める手間や炭をおこす手間も惜しいのだ。福井は、町に住むようになると、もち米を蒸す手間や燃料の入手が困難なためにうるち米を食べるようになるのであろうという[13]。図2は東北タイと同様もち米を常食しているラオスの首都ビエンチャンの電気店の売り場であるが、実に多種多様な炊飯器が売られている。さらに電気の蒸し器も並んでいる。店員は、これでおこわもできると言っているが、実際に使われているのかはわからない。

以上述べたように、伝統的な「モチ稲栽培圏」と見なされてきた東北タイでも、もち米に代わってうるち米の栽培が進行してきている。その大きな原動力は、電気炊飯器に象徴されるような近代的な消費形態の拡大と、化学肥料に象徴されるような近代的な栽培技術の普及にあった。くわえて米の価格差を作り出している国内都市ならびに世界の巨大なうるち米需要がこの動きを強く推進してきたと言えよう。

註

（1）渡部忠世「タイにおけるモチ稲栽培圏の成立」（『季刊人類学』一、一九七〇）三一―五四頁

（2）KKU-FORD Cropping System Project, *An Agroecosystem analysis of Northeast Thailand*（Khon Kaen, Khon Kaen University, 1982）, pp. 27-28

（3）名古屋女子大学タイ国学術調査団『東北タイコンケン地方農民の生活』（名古屋女子大学、一九七五）八三頁

（4）宮川修一、黒田洋輔「灌漑農業と緑の革命」（クリスチャン・ダニエルス編『論集モンスーンアジアの生態史2　地域の生態史』、弘文堂、二〇〇八）一四三―一六三頁

（5）河野泰之、永田好克「タイ国東北部農村の生業構造に基づく村落類型―ヤソトン県を対象として―」（『東南アジア研究』三〇、一九九二）二四一―二七一頁

（6）前掲註（2）を参照

（7）Miyagawa, S. "Recent expansion of nonglutinous rice cultivation in Northeast Thailand : Intraregional variation" *Southeast Asian Studies* 33（1996）, pp.547-574

（8）中田義昭「余剰米と出稼ぎ―タイ東北部ヤソートーン県の一村を対象として―」（『東南アジア研究』三二、一九九五）五二三―五四八頁

(9) 前掲註(8)を参照
(10) 前掲註(7)を参照
(11) 前掲註(8)を参照
(12) 福井捷朗『ドンデーン村 東北タイの農業生態』(創文堂、一九八八)六三—六四頁
(13) 前掲註(12)八八頁

あとがき

木村　栄美
佐藤洋一郎

本書は、全五巻シリーズ『ユーラシア農耕史』（佐藤洋一郎監修、鞍田崇・木村栄美編）の第二巻である。当プロジェクト主催の連続公開講座「ユーラシア農耕史」（同志社大学共催、臨川書店協力）をベースとした書き下ろしであることは一巻のあとがきで述べた通りである。付け加えるならば、当初は本プロジェクトの成果を書籍にまとめ出版しないか、との臨川書店からのお誘いに、それならば一般向けの講座を開催して成果を公開したあかつきに本を出版しようということになった。

本書のベースとなった連続公開講座第四回、五回は「米と命」というテーマで開催した。各タイトル及び講師は次の通りである。

第四回　シンポジウム「米と文化」（二〇〇八年八月三〇日）
宇根　豊・神崎　宣武・佐伯　順子・佐藤　洋一郎

第五回　鼎談「稲作と風土」（二〇〇八年九月一三日）

川野　和昭・藤井　伸二・佐藤　洋一郎

シリーズ第一巻は同じく「米」を扱いながらも、自然科学、考古の分野を中心として構成されていたが、本巻は日本人が古来より主食とし、最もなじみの深い米の文化について民俗学、文化史、農学、そして農業の実践的な立場から扱っている。具体的には、一巻に引き続き佐藤洋一郎をはじめ、第四回講座でご講演いただいた神崎宣武さん、宇根豊さん、第五回講座に出講いただいた川野和昭さんの三つの論考を骨格に、同じく第五回講座で出講いただいた藤井伸二さん、原田信男さん、花森功仁子さん、宮川修一さん、木村栄美による五つのコラムを収めている。序論では食偽装問題に絡めて、現代における食と環境の関係のあり方への課題を提議している。第一章は神崎さんが、古代から神仏の供物として、また酒との関わりについて、現代の日本人が忘れかけている米の姿について文化的視点から講義いただいた内容を中心に執筆していただいた。第二章では宇根さんが農学を研究として取り組む一方で、実際の農業に携わるという実践的な立場での視点から、「田んぼ」のあり方について、その語り口の熱い思いのままご執筆いただいた。川野さんはラオス・鹿児島を中心とした焼畑農耕とその文化について民俗学的な視点から捉えている。この焼畑農法は現代における環境問題を考える上で、日本のみならずモンスーンアジアにおける重要な農耕の姿と推測される。コラムでは現代と中世の間を往還しながら米のブランド化について触れている。また、モチ米の栽培と消費に伝統を持つとされてきたタイ東北部におけるウルチ米栽培への変化について語っている。

本巻は日本人における米の位置付けについて様々な角度から検証しているが、「米」というものを一つとっても、研究分野によって見方が異なる。日本人にとって米が持つ意味の奥深さと広さを改めて認識していただけるのではないか。

当研究所においては環境問題の解決策を導き出すということが大きな課題となっているが、そのためには現代社会の環境状況だけでなく、「歴史」という過去を知ることにより、未来への可能性を見据える必要がある。中でも食というものが環境と密接に結びついている視点を強調しておきたい。近年米を中心に、食に関する偽装事件などが頻発し、人びとはこれに敏感に反応し、大きな関心を示すようになったが、そうした意味からも、一つの解決策を導き出すための一書として本書を手にとっていただければ幸いと考えている。

とりもなおさず第一巻につづき二巻を無事刊行する運びとなった。これよりまだ第三、四、五巻と刊行が続くが、臨川書店の西之原一貴さんをはじめ関係者の方々には深く謝意を表したい。

◇ 執筆者紹介
（五十音順）

宇根　　豊（うね　ゆたか）
NPO法人「農と自然の研究所」代表理事

川野　和昭（かわの　かずあき）
鹿児島県歴史資料センター黎明館学芸課長

神崎　宣武（かんざき　のりたけ）
旅の文化研究所所長

木村　栄美（きむら　えみ）
総合地球環境学研究所プロジェクト研究員

佐藤洋一郎（さとう　よういちろう）
総合地球環境学研究所副所長・教授

花森功仁子（はなもり　くにこ）
㈱ジェネテック主任研究員

原田　信男（はらだ　のぶお）
国士舘大学21世紀アジア学部教授

藤井　伸二（ふじい　しんじ）
人間環境大学人間環境学部准教授

宮川　修一（みやがわ　しゅういち）
岐阜大学応用生物科学部教授

『ユーラシア農耕史』第2巻（全5巻）

二〇〇九年三月三十日　初版発行

監修者　佐藤洋一郎
編　者　木村栄美
発行者　片岡英三
印刷　製本　亜細亜印刷株式会社

発行所　株式会社　臨川書店
606-8204　京都市左京区田中下柳町八番地
電話（〇七五）七二一―七一一一
郵便振替　〇一〇七〇―二―八〇〇

落丁本・乱丁本はお取替えいたします
定価はカバーに表示してあります

ISBN978-4-653-04042-2 C0339
〔ISBN978-4-04040-8 C0339　セット〕